职业教育土建类专业“岗课赛证”融通系列教材

钢筋混凝土工程施工

主　编　吉海军　周　康　雷　华
副主编　朱永祥　王洪波　杨小春
参　编　李　莉　和小军　辛　星
　　　　秦　浩　陈君辉　徐炳进
　　　　王军丽　黄国荣　冯　环
主　审　任少强

机械工业出版社

本书根据国家现行的建筑设计、施工及质量验收规范、标准等，结合1+X建筑工程施工工艺实施与管理职业技能等级证书考核标准进行编写，采用活页式编写体例，突出职业引导，帮助学生有效学习，学会如何工作。本书以实际工程项目为载体设计学习情境，采用任务驱动的形式，突出按图施工能力的培养。本书主要内容包括钢筋混凝土独立基础施工、钢筋混凝土框架柱施工、钢筋混凝土框架梁施工、钢筋混凝土现浇板施工、钢筋混凝土剪力墙施工。

本书可作为高职高专土建类建筑工程技术、工程造价、建设工程管理等专业的教学用书，也可作为1+X建筑工程施工工艺实施与管理职业技能等级证书的培训用书，以及工程技术人员的参考用书。

图书在版编目（CIP）数据

钢筋混凝土工程施工/吉海军，周康，雷华主编. —北京：机械工业出版社，2023.2

职业教育土建类专业“岗课赛证”融通系列教材

ISBN 978-7-111-72413-1

Ⅰ.①钢… Ⅱ.①吉… ②周… ③雷… Ⅲ.①钢筋混凝土结构-工程施工-高等职业教育-教材 Ⅳ.①TU755

中国国家版本馆CIP数据核字（2023）第030487号

机械工业出版社（北京市百万庄大街22号 邮政编码100037）

策划编辑：常金锋　　责任编辑：常金锋　陈将浪

责任校对：张亚楠　葛晓慧　　封面设计：马若濛

责任印制：刘　媛

涿州市般润文化传播有限公司印刷

2023年6月第1版第1次印刷

184mm×260mm · 12.75印张 · 285千字

标准书号：ISBN 978-7-111-72413-1

定价：49.00元

电话服务　　网络服务

客服电话：010-88361066　　机　工　官　网：www.cmpbook.com

010-88379833　　机　工　官　博：weibo.com/cmp1952

010-68326294　　金　书　网：www.golden-book.com

封底无防伪标均为盗版　　机工教育服务网：www.cmpedu.com

序

2019 年，教育部、国家发展改革委、财政部、市场监管总局联合印发了《关于在院校实施“学历证书+若干职业技能等级证书”制度试点方案》，强调重点围绕服务国家需要、市场需求、学生就业能力提升，逐步开展，稳步推进 1+X 证书制度试点工作。在试点工作中，试点院校要深化校企合作，坚持工学结合，深化教师、教材、教法三教改革，根据职业技能等级标准和专业教学标准要求，将证书培训内容有机融入专业人才培养方案，优化课程设置和教学内容、教学组织与实施，深化教学方式方法的改革，探索将相关专业课程考试与职业技能等级考核统筹安排。

为了使学校建筑类专业教育教学与建筑行业的市场需求更好地融合，实现专业课程内容与职业标准对接、教学过程与生产过程对接，同时也更好地满足新形势下 1+X 建筑工程施工工艺实施与管理职业技能等级证书培训及考试的需要，中铁二十局集团有限公司组织一批长期从事建筑专业教育教学与培训的教授、学者和有着丰富工程经验的一线专业技术人员、专家编写了本系列教材。

本系列教材属于教育部第四批 1+X 证书制度试点培训系列教材，以土建相关专业教学标准为依据，结合建筑工程施工工艺实施与管理职业技能等级证书考试大纲，并依据建筑工程技术、建设工程管理等专业人才培养目标和施工员相关职业岗位的能力要求而设置，体现了国家为完善职业教育和培训体系、深化产教融合、校企合作的重大制度设计。

本系列教材在编写过程中，力求突出以下特色：

（1）以高等职业学校土建类相关专业（建筑工程技术、建设工程管理等专业）教学标准为依据，结合 1+X 建筑工程施工工艺实施与管理职业技能等级证书考试大纲来编写，紧贴时代和行业发展步伐，符合《国家职业教育改革实施方案》的相关精神。

（2）采用新形态活页式编写形式，内容设计围绕施工员岗位的具体工作，以任务的方式引导读者学习基础理论，掌握施工准备、施工实施、质量验收等实操技能，突出情境教学、实例教学，符合教育部 1+X 职业技能等级认证标准。

（3）由职教专家和企业专家参与大纲审定、编写及审稿工作，确保教学内容更贴近施工实际，在知识的专业性、设计的逻辑性和内容的实用性上均有较高的标准。

本系列教材的出版是进一步提升人才培养质量，促进土建类专业发展和课程建设所做的一次开拓性尝试。相信本系列教材将为职业教育土建类专业建设和课程教学的改革发展起到积极的推动作用。

编审委员会

前　言

本书是根据国家现行的建筑设计、施工及质量验收规范、标准等，结合1+X《建筑工程施工工艺实施与管理职业技能等级标准》和《建筑工程施工工艺实施与管理职业技能等级证书考评大纲》进行编写的。

本书的主要特点：

1. 采用活页式编写体例，帮助学生实现有效学习

本书以典型工作任务为载体，满足学习者职业生涯发展需求。本书在内容选择方面，坚持以职业能力为本位、以应用为目的，按照工作过程的顺序和学生自主学习的要求进行设计并安排教学活动，设计了需要系统化思考的学习问题，实现理论教学与实践教学融通合一、能力培养与工作岗位对接合一、实习实训与顶岗工作学做合一。本书通过采用活页式教材体例，突出职业引导，帮助学生有效学习，学会如何工作。

2. 基于1+X证书的“岗课赛证”融通教材，强化职业技能培养

本书是基于1+X建筑工程施工工艺实施与管理职业技能等级证书和1+X建筑工程识图职业技能等级证书开发的“岗课赛证”融通教材，本书既符合专业教学标准的要求，又覆盖了多类职业技能等级证书的职业技能等级标准要求，开发目标是将专业目标和证书目标加以整合，既能保证学历培养规格，又能促进学生就业，让“1”和“X”有机衔接，提升职业教育质量和学生的就业能力。

3. 突出按图施工能力培养，提高学生工程实践能力

本书以实际工程项目为载体设计学习情境，以学生为主体组织开放式的教学活动，采用任务驱动的形式，突出按图施工能力的培养。本书通过任务的操作练习驱动学生带着目标学习，主动检索完成任务所需要的相关知识，提高学生对工程项目的感性认识；通过一系列任务形成的成果，增加学生学习中的成就感，激发学生的学习兴趣。

4. 强化规范意识，帮助学生学会使用规范检验成果

建筑工程中成品、半成品的质量，主要通过国家现行规范和行业标准来保障。本书的每个学习情境、学习任务都要求学生运用国家现行规范和行业标准对成果进行验收检查，帮助学生学会使用规范检验成果，强化规范意识，为以后走上工作岗位打下良好的基础。

本书由吉海军、周康、雷华任主编，朱永祥、王洪波、杨小春任副主编，任少强任主审。参加编写的人员还有李莉、和小军、辛星、秦浩、陈君辉、徐炳进、王军丽、黄国荣、冯环。

本书是1+X建筑工程施工工艺实施与管理职业技能等级证书的系列教材之一，由中铁二十局集团有限公司提供帮助，在此表示衷心的感谢。

由于编者的经验和水平有限，书中难免有不妥之处，恳请读者批评指正。

编　者

目　录

学习情境1 钢筋混凝土独立基础施工

学习情境描述

某现代农业园区办公楼工程，为企业内部行政办公用房，属多层建筑，总建筑面积 4201.32m^2，建筑占地面积 1053.84m^2，建筑高度 17.40m，地上四层，一层层高 3.9m，二层、三层层高 3.6m，顶层层高 3.9m。建筑结构形式采用钢筋混凝土框架结构，基础形式采用钢筋混凝土独立基础，建筑设计使用年限为 50 年。本工程±0.000 相当于黄海高程 99.310m，室内外高差为 900mm，地基基础设计等级为乙级。

现要求施工技术人员按照办公楼施工图纸和规范要求完成办公楼基础工程的施工及质量验收。

任务一 独立基础施工图识读

任务描述

施工技术人员拿到办公楼项目的建筑施工图纸、结构施工图纸，在其“基础平面布置图”中有说明：基础底面标高为－1.500；基础垫层为 100mm 厚 C15 素混凝土。现要求施工技术人员完成基础工程的施工任务，其中一个独立基础 DJz07 的施工图如图 1-1 所示，请首先完成该独立基础施工图的识读。

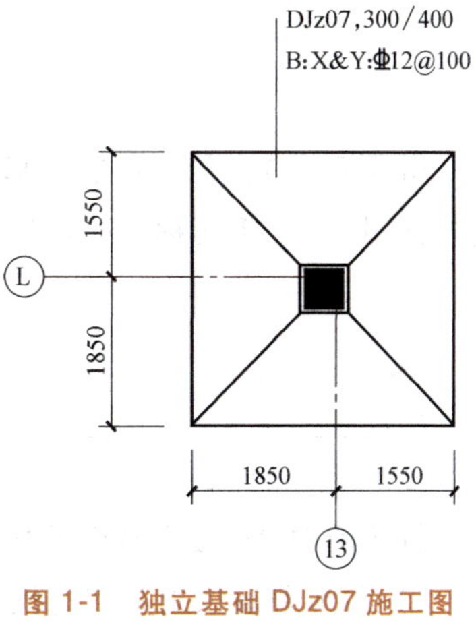

图 1-1 独立基础 DJz07 施工图

学习目标

通过本任务的学习，学生应达到以下目标：

1. 正确识读独立基础的类型。
2. 正确识读独立基础的尺寸及相对位置。
3. 正确识读独立基础的配筋。

任务单

独立基础施工图识读任务单见表 1-1。

表 1-1　独立基础施工图识读任务单

专业班组		班长		日期	
识图任务：独立基础 DJz07 识读					
检查意见：					
签章：					

任务分组

独立基础施工图识读学生任务分配见表 1-2。

表 1-2　独立基础施工图识读学生任务分配

班级		组号		指导教师	
组长		学号			
组员	学号	姓名	任务分工		

获取信息

引导问题 1： 什么是独立基础？根据《混凝土结构施工图平面整体表示方法制图规则和构造详图》（以下简称“平法图集”）22G101—3，独立基础的类型有哪些？

____

____

____

____

引导问题 2： 独立基础的代号如何表示？

1）阶形普通独立基础的代号为______。

2）锥形普通独立基础的代号为______。

3）阶形杯口独立基础的代号为______。

4）锥形杯口独立基础的代号为______。

引导问题 3：独立基础的截面竖向尺寸如何表示？

1）阶形普通独立基础注写为 $h_1/h_2/h_3$ 时，将 h_1、h_2、h_3 准确标注在图 1-2 上。

当阶形普通独立基础的竖向尺寸注写为“400/300/300”时，表示 h_1 = ____mm、h_2 = ____mm、h_3 = ____mm，独立基础底板总高度为________mm。

2）锥形普通独立基础注写为 h_1/h_2 时，请将 h_1、h_2 准确标注在图 1-3 上。

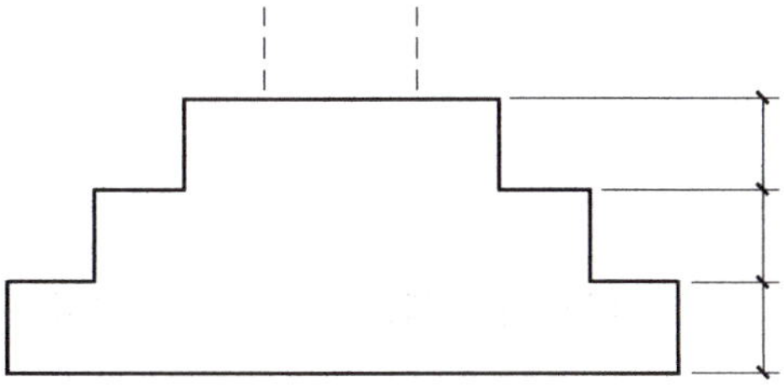

图 1-2　阶形普通独立基础截面竖向尺寸

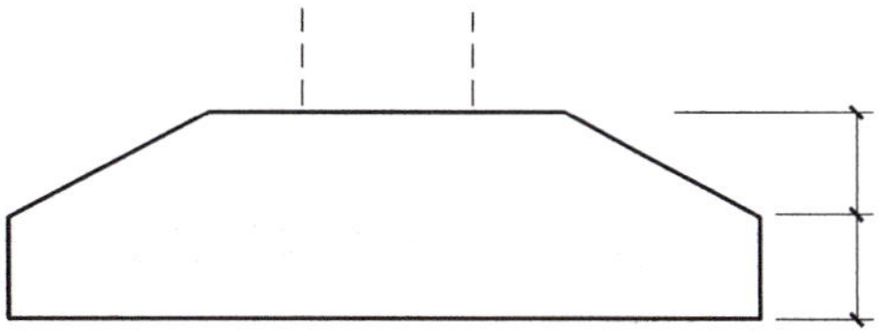

图 1-3　锥形普通独立基础截面竖向尺寸

当锥形普通独立基础的竖向尺寸注写为“350/300”时，表示 h_1 = ________mm、h_2 = ________mm，独立基础底板总高度为________mm。

引导问题 4：独立基础底板配筋如何表示？

各种独立基础底板的底部配筋用______代表；底部双向配筋用 x 向和 y 向表示，正交布置时 x 向指的是________________，y 向指的是_______________（图面从左至右；图面从下至上）。请在图 1-4 两条引线处准确标注 x 向钢筋、y 向钢筋。

独立基础底板的底部双向配筋，x 向配筋以________打头注写；y 向配筋以________打头注写；x 向和 y 向配筋相同时，以________打头注写。

当独立基础底板配筋标注为“B：X ⌀ 16@150，Y ⌀ 16@200”时，表示独立基础底板底部配置________钢筋，x 向钢筋直径为____mm，间距为______mm；y 向钢筋直径为______mm，间距为____mm。

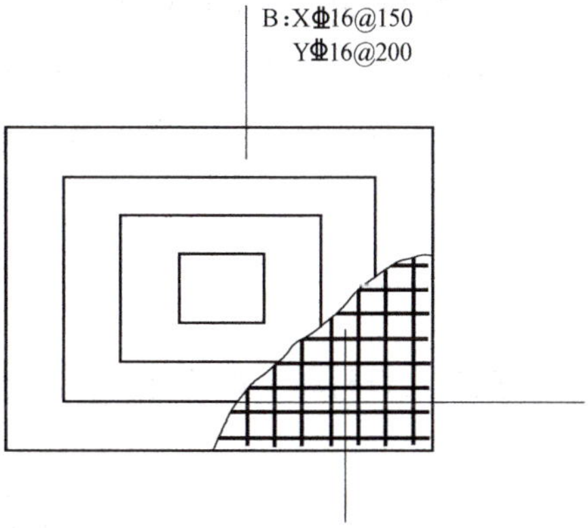

图 1-4　独立基础底板的底部双向配筋

当独立基础底板配筋标注为“B：X&Y ⌀ 16@150”时，表示独立基础底板底部配置________钢筋，x 向钢筋直径为____mm，间距为____mm；y 向钢筋直径为____mm，间距为____mm。独立基础实际配筋如图 1-5 所示。

引导问题 5：独立基础底面标高如何表示？

当基础底板的底面标高不同时（存在多个标高），应指定多数相同的底面标高为基础底面________标高，其余少数不同标高应注明其标高。

图 1-5　独立基础实际配筋

当独立基础的底面标高与基础底面________________相同时，基础平面布置图中不注写独立基础底面标高。

当独立基础的底面标高与基础底面________________不同时，应将独立基础底面标高直接注写在“______”内。

引导问题 6：独立基础平法施工图如何表示？

独立基础的平面注写方式，分为___________和___________两部分内容。

独立基础的集中标注，是指在独立基础平面布置图上集中引注________、__________、______________三项必注内容，以及___________________和________________两项选注内容。

独立基础的定位尺寸应标注在独立基础____________图上，当独立基础的柱中心线或杯口中心线与建筑轴线不重合时，应标注独立基础的______尺寸。编号相同且定位尺寸相同的独立基础，可仅选择____个进行标注。

工作计划

按照收集资料和决策的过程，制订独立基础施工图识读方案，见表 1-3。

表 1-3　独立基础施工图识读方案

序号	工作内容	负责人
1		
2		
3		
4		
5		
6		

进行决策

讨论平面整体表示方法的制图规则，决定基础类型、基础竖向尺寸、基础配筋、基础底面标高、基础平面尺寸等。

工作实施

识读图 1-1，完成表 1-4 的填写。

表 1-4　独立基础图纸交底

图纸名称	内容	识图信息
基础平面布置图	基础编号	
	基础类型	
	基础竖向尺寸	绘制基础截面图，并标注截面竖向尺寸：
	基础配筋	独立基础底板底部配置______钢筋，x 向钢筋直径为__mm，间距为____mm；y 向钢筋直径为__mm，间距为____mm
	基础底面标高	与基础底面基准标高____同，标高为______m
	基础平面尺寸	基础平面 x 向边长为______mm；基础平面 y 向边长为______mm 独立基础的柱中心线与建筑轴线______，柱中心线相对于⑬轴向左偏移______mm，柱中心线相对于Ⓛ轴向下偏移____mm

评价反馈

独立基础施工图识读任务评价见表 1-5。

表 1-5　独立基础施工图识读任务评价

序号	测定项目	评分标准	满分	评价			综合得分
				自评	互评	师评	
1	基础编号	完全准确	10				
2	基础类型	完全准确	10				
3	基础竖向尺寸	完全准确	20				
4	基础配筋	完全准确	25				
5	基础底面标高	完全准确	10				
6	基础平面尺寸	完全准确	25				

相关知识点

1. 基础底面基准标高

根据平法图集 22G101—3 第 1.0.8 条的规定，按平法绘制基础结构施工图时，应采用表格或其他方式注明基础底面基准标高、±0.000 的绝对标高。

当具体工程的全部基础底面标高相同时，基础底面基准标高即为基础底面标高。当基础底面标高不同时，应取多数相同的底面标高为基础底面基准标高；对其他少数不同标高的应标明范围并注明标高。

2. 坐标方向 x 向、y 向

根据平法图集 22G101—3 第 1.0.9 条的规定，为方便设计表达和施工识图，规定结构平面的坐标方向为：

1）当两向轴网正交布置时，图面从左至右为 x 向，从下至上为 y 向；当轴网在某位置转向时，局部坐标方向顺轴网的转向角度做相应转动，转动后的坐标应加图示。

2）当轴网向心布置时，切向为 x 向，径向为 y 向，并应加图示。

3）对于平面布置比较复杂的区域，如轴网转折交界区域、向心布置的核心区域等，其平面坐标方向应由设计者另行规定并加图示。

3. 独立基础平法施工图的表示方法

根据平法图集 22G101—3 第 2.1 条的规定，独立基础平法施工图，有平面注写、截面注写和列表注写三种表达方式，设计者可根据具体工程情况选择一种，或将两种方式相结合进行独立基础的施工图设计。

当绘制独立基础平面布置图时，应将独立基础平面与基础所支承的柱一起绘制。当设置基础联系梁时，可根据图面的疏密情况，将基础联系梁与基础平面布置图一起绘制，或将基础联系梁布置图单独绘制。

在独立基础平面布置图上应标注基础定位尺寸；当独立基础的柱中心线或杯口中心线与建筑轴线不重合时，应标注其定位尺寸。编号相同且定位尺寸相同的基础，可仅选择一个进行标注。

4. 独立基础编号

根据平法图集 22G101—3 第 2.2 条的规定，各种独立基础按表 1-6 的规定进行编号。

表 1-6 独立基础编号

类型	基础底板截面形状	代号	序号
普通独立基础	阶形	DJj	××
	锥形	DJz	××
杯口独立基础	阶形	BJj	××
	锥形	BJz	××

独立基础底板的截面形状通常有两种：阶形截面和锥形截面。

1）阶形截面的独立基础编号加“j”，如 DJj××、BJj××。DJj06 代表 6 号阶形普通独立基础，BJj21 代表 21 号阶形杯口独立基础。

2）锥形截面的独立基础编号加“z”，如 DJz××、BJz××。DJz16 代表 16 号锥形普通独立基础，BJz01 代表 1 号锥形杯口独立基础。

当独立基础截面形状为锥形时，其坡面应采用能保证混凝土浇筑、振捣密实的较缓坡度；当采用较陡坡度时，应要求施工时采用在基础顶部坡面加模板等措施，以确保独立基础施工时坡面浇筑成型、振捣密实。

5. 独立基础平面注写方式

根据平法图集 22G101—3 第 2.3 条的规定，独立基础的平面注写方式分为集中标注和原位标注两部分内容。

1）普通独立基础和杯口独立基础的集中标注，是指在基础平面布置图上集中引注基础编号、截面竖向尺寸、配筋三项必注内容，以及基础底面标高（与基础底面基准标高不同时）和必要的文字注解两项选注内容。

2）素混凝土普通独立基础的集中标注，除无基础配筋内容外，均与钢筋混凝土普通独立基础相同。

6. 独立基础截面竖向尺寸

根据平法图集 22G101—3 第 2.3.2 条的规定：

1）普通独立基础截面竖向尺寸注写为 $h_1/h_2/\cdots$，具体标注为：

① 当独立基础截面为阶形时，注写为 $h_1/h_2/h_3/\cdots$，各阶尺寸自下而上用“/”分隔顺写，如图 1-6 所示。例如 6 号阶形截面普通独立基础 DJj06 的竖向尺寸注写为“400/300/300”时，表示 $h_1=400\text{mm}$、$h_2=300\text{mm}$、$h_3=300\text{mm}$，该独立基础底板总高度为 1000mm，如图 1-7 所示。

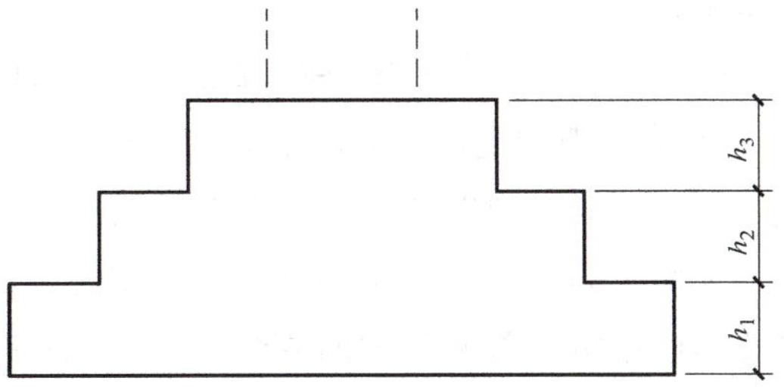

图 1-6　阶形截面普通独立基础竖向尺寸

图 1-7 为三阶，当为更多阶时，各阶尺寸自下而上用“/”分隔顺写；当基础为单阶时，其竖向尺寸仅为一个 h_1，即为基础总高度。

② 当独立基础截面为锥形时，注写为 h_1/h_2。例如 16 号锥形截面普通独立基础 DJz16 的竖向尺寸注写为“350/300”时，表示 $h_1=350\text{mm}$、$h_2=300\text{mm}$，该独立基础底板总高度为 650mm，如图 1-8 所示。

2）杯口独立基础截面竖向尺寸的注写规则如下：

① 当杯口独立基础截面为阶形时，其竖向尺寸分为两组，一组表达杯口内，另一组表达杯口外，两组尺寸以“,”分隔，注写为 α_0/α_1，$h_1/h_2/\cdots$，其含义如图 1-9 所示，其中 α_0 为杯口深度。

② 当杯口独立基础截面为锥形时，注写为 α_0/α_1，$h_1/h_2/h_3\cdots$，其含义如图 1-10 所示。

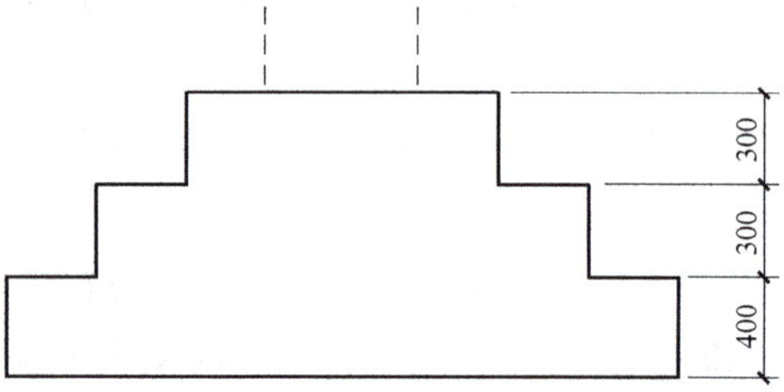

图 1-7 6 号阶形截面普通独立基础 DJj06 竖向尺寸

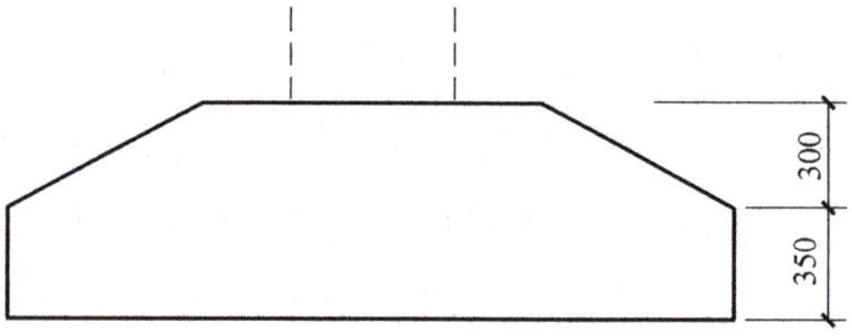

图 1-8 16 号锥形截面普通独立基础 DJz16 竖向尺寸

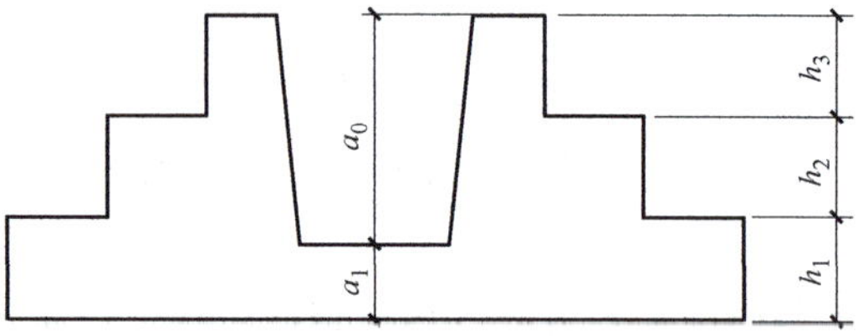

图 1-9 阶形截面杯口独立基础竖向尺寸

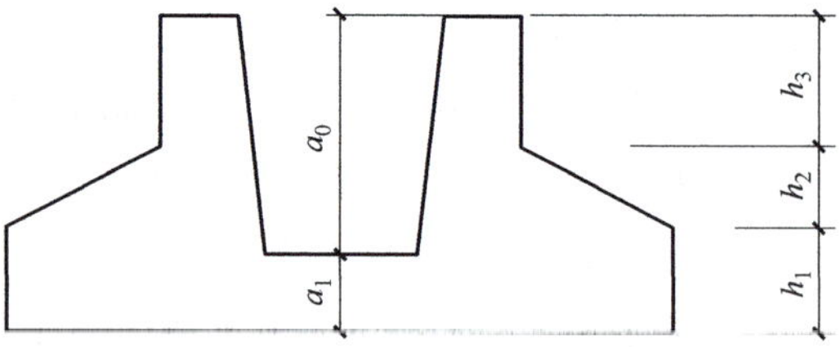

图 1-10 锥形截面杯口独立基础竖向尺寸

7. 独立基础配筋

根据平法图集 22G101—3 第 2.3.2 条的规定：

1）独立基础底板配筋注写规则。普通独立基础和杯口独立基础的底部双向配筋注写规则如下：

① 以字母“B”代表各种独立基础底板的底部配筋。

② 底部双向配筋的 x 向配筋以字母“X”打头、y 向配筋以字母“Y”打头注写；当两向配筋相同时，则以“X&Y”打头注写。

如图 1-11 所示，独立基础底板配筋标注为“B：X ⌀16@150”“Y ⌀16@200”，表示该独立基础底板底部配置 HRB400 钢筋，x 向钢筋直径为 16mm，间距 150mm；y 向钢筋直径为 16mm，间距 200mm。

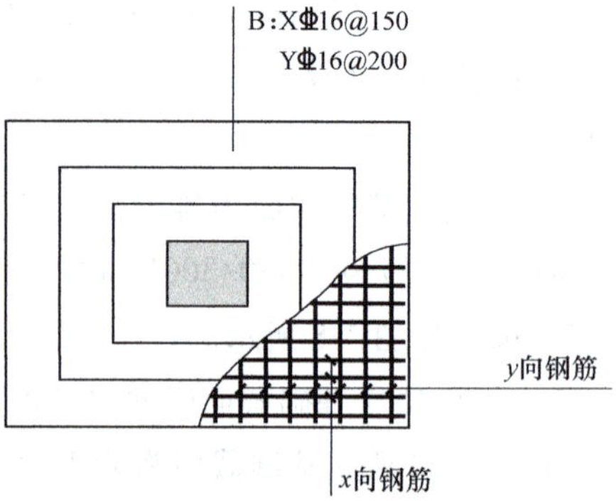

图 1-11 独立基础底板底部双向配筋示意

2）普通独立基础带短柱的竖向尺寸及钢筋注写规则。当独立基础埋深较大，其上设置短柱时，短柱配筋应注写在独立基础中。具体注写规则如下：

① 以字母“DZ”代表普通独立基础短柱。

② 先注写短柱纵筋，再注写短柱箍筋，最后注写短柱标高范围。注写顺序为：角筋/x 边中部筋/y 边中部筋，箍筋，短柱标高范围。

如图 1-12 所示，普通独立基础短柱配筋标注为“DZ 4 ⌀20/5 ⌀18/5 ⌀18”“⌀10@100”“-2.500～-0.050”，表示独立基础的短柱设置在

−2.500～−0.050 高度范围内，配置 HRB400 竖向纵筋和 HPB300 箍筋，其竖向纵筋为角筋 4 Φ20、x 边中部筋 5 Φ18、y 边中部筋 5 Φ18；其箍筋直径为 10mm，间距为 100mm。

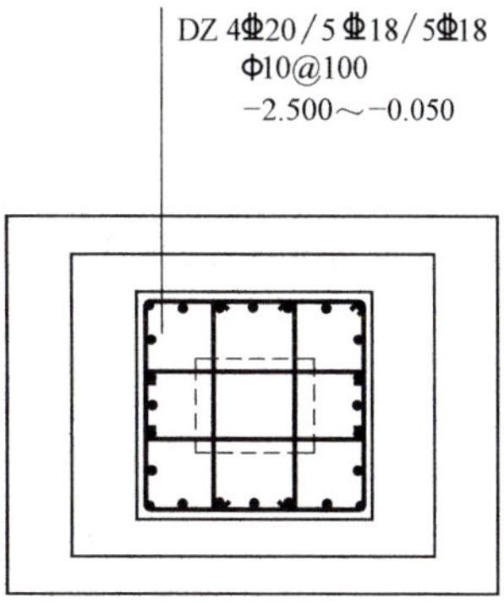

图 1-12　独立基础短柱配筋示意

8. 独立基础底面标高

当独立基础的底面标高与基础底面基准标高不同时，应将独立基础底面标高直接注写在“(　)”内。

9. 必要的文字注解

当独立基础的设计有特殊要求时，宜增加必要的文字注解。例如基础底板配筋长度是否采用减短方式等，可在该项内注明。

任务二　独立基础钢筋施工

任务描述

独立基础施工图如图 1-1 所示，请完成该独立基础钢筋工程施工。

学习目标

通过本任务的学习，学生应达到以下目标：

1. 能进行独立基础钢筋配料计算。
2. 掌握独立基础钢筋加工的内容和方法。
3. 掌握独立基础钢筋的绑扎施工过程。
4. 能进行独立基础钢筋施工的质量验收。

任务单

独立基础钢筋施工任务单见表 1-7。

表 1-7　独立基础钢筋施工任务单

专业班组		班长		日期	
施工任务：独立基础 DJz07 钢筋工程施工					
检查意见：					
签章：					

任务分组

独立基础钢筋施工学生任务分配见表 1-8。

表 1-8　独立基础钢筋施工学生任务分配

班级		组号		指导教师	
组长		学号			
组员	学号	姓名	任务分工		

获取信息

钢筋分项工程施工中强调过程控制、工序监控，控制的重点在于审图把关和锚固做法、接头做法、抗震规定、钢筋位置、保护层等方面。

基础底板钢筋施工工艺流程：基础垫层完成→弹底板钢筋位置线→钢筋半成品运输到位（钢筋进场验收→钢筋下料计算→钢筋加工）→按线布设钢筋→钢筋连接→钢筋验收。

1. 钢筋进场验收

引导问题 1：钢筋的质量直接影响结构的正常使用和安全，所以钢筋供应商提供的钢筋在进入施工现场之前需要进行进场检验。根据《混凝土结构工程施工质量验收规范》（GB 50204—2015）（以下简称“《施工验收规范》”）第 5. 2. 1 条的规定，钢筋进场时，应按国家现行相关标准的规定抽取______________做______________、______________、______________、______________和______________检验，检验结果应符合相关标准的规定。

检查数量：按____________________和____________________确定。

检验方法：检查______________和______________。

引导问题 2：根据《施工验收规范》第 5. 2. 2 条的规定，______________进场时，应抽取试件做____________、____________、____________和____________检验，检验结果应符合国家现行有关标准的规定。

对于由____________制成的成型钢筋，当有____________或____________的代表驻厂监督生产过程，并提供______________________________时，可仅进行____________检验。

检查数量：____________________________________的成型钢筋，不超过______t 为一批，每批中每种____________、____________均应至少抽取 1 个钢筋试件，总数不应少于______个。

检验方法：检查________________和________________。

引导问题 3：根据《施工验收规范》第 5.2.4 条的规定，钢筋应________、________，表面不得有________、________、____________________。

检查数量：________________。

检验方法：________________。

引导问题 4：根据《施工验收规范》第 5.2.5 条的规定，成型钢筋的________________和____________应符合____________________________的规定。

检查数量：____________________________的成型钢筋，____________________为一批，每批______________________成型钢筋。

检验方法：__________，__________。

引导问题 5：根据《施工验收规范》第 5.2.6 条的规定，________________________、________________以及________________等的________________应符合国家现行相关标准的规定。

检查数量：按____确定。

检验方法：检查______________________；__________，__________。

2. 钢筋配料

引导问题 6：钢筋配料是______________________，先______________________，然后____________________________________，填写______________________，申请加工。

引导问题 7：钢筋配料单是____，是____________________________________。

引导问题 8：下料长度是______________________________，按钢筋____________的______________来计算的，因为____。

一般钢筋下料长度的计算式：

1）直钢筋下料长度＝____。

2）弯起钢筋下料长度＝____。

3）箍筋下料长度＝____。

钢筋弯钩增加长度：当使用外包标注方法时，有可能____________________________________没有______________________增加的大，这样就存在________________和______________________之间的一个差值，这个差值就是下料时应按____________________所增加的长度。

钢筋弯曲调整值：钢筋弯曲时，其弯曲处____，计算钢筋的下料长度是按__________________计算的。钢筋加工成型后的量度尺寸都是______________________，显然______________________，它们之间存在一个差值，称为______________________。

3. 钢筋加工

引导问题 9： 在钢筋安装前，进行____________________等工作统称为钢筋的加工。钢筋调直的方法有______________与______________。

钢筋陈锈的锈迹粉末较粗，用手捻__________，颜色为__________，处理方法有__________、__________和__________。

钢筋切断的方法有__________与__________两种。

钢筋弯曲的方法有__________和__________。钢筋的弯曲均应在______进行，严禁将钢筋加热后再弯曲。机械弯曲的设备主要有________和__________。

引导问题 10： 根据《施工验收规范》第 5.3.1 条的规定，钢筋弯折的弯弧内直径应符合下列规定：

1）光圆钢筋，____。

2）335MPa、400MPa 带肋钢筋，__________________________________。

3）500MPa 带肋钢筋，____
_______，____。

4）箍筋弯折处____。

检查数量：____。

检验方法：____。

引导问题 11： 根据《施工验收规范》第 5.3.2 条的规定，纵向受力钢筋的弯折后________。光圆钢筋末端做__________时，弯钩的______________________________
__________。

检查数量：____。

检验方法：____。

引导问题 12： 根据《施工验收规范》第 5.3.5 条的规定，钢筋加工的________应符合设计要求，其_______应符合表 1-9 的规定。

检查数量：____。

检验方法：____。

表 1-9　钢筋加工的允许偏差

项目	允许偏差/mm

4. 钢筋连接

引导问题 13： 钢筋连接的三种方法是________、________、________。

钢筋采用焊接连接时，可节约钢材、改善结构受力性能、提高工效、降低成本。常用的焊接方法有__________、__________、__________、__________、__________等。

钢筋机械连接是通过____

______________，将一根钢筋的力传到另一根钢筋上的连接方法。钢筋机械连接又称为______________，类型包括____________________、____________________、________________________等。

引导问题 14：根据《施工验收规范》第 5.4.1 条的规定，钢筋的连接方式____。

检查数量：____。

检验方法：____。

引导问题 15：根据《施工验收规范》第 5.4.2 条的规定，钢筋采用机械连接或焊接连接时，钢筋________________________________应符合国家现行有关标准的规定。接头试件____。

检查数量：按____确定。

检验方法：检查____。

引导问题 16：根据《施工验收规范》第 5.4.3 条的规定，钢筋采用机械连接时，螺纹接头________________，挤压接头________________，检验结果______________________________的相关规定。

检查数量：按______________________________的规定确定。

检验方法：采用______________________________检查。

引导问题 17：根据《施工验收规范》第 5.4.4 条的规定，钢筋接头的位置__________________要求。有抗震设防要求的结构中，________________________________。接头末端至____。

检查数量：____。

检验方法：____。

引导问题 18：根据《施工验收规范》第 5.4.5 条的规定，钢筋机械连接接头、焊接接头的____的规定。

检查数量：按____的规定确定。

检验方法：____。

工作计划

按照收集资料和决策的过程，制订独立基础钢筋施工方案，见表 1-10。

表 1-10　独立基础钢筋施工方案

序号	工作内容	负责人
1		
2		
3		
4		
5		
6		

进行决策

讨论独立基础 DJz07 钢筋工程施工的流程和施工要点，决定独立基础 DJz07 钢筋施工技术交底的内容等，完成表 1-11 的填写。

表 1-11　独立基础 DJz07 钢筋施工技术交底记录

<table>
<tr><td>工程名称</td><td colspan="2"></td><td>施工单位</td><td colspan="2"></td></tr>
<tr><td>编号</td><td colspan="2"></td><td>交底日期</td><td colspan="2"></td></tr>
<tr><td>交底部位</td><td colspan="2"></td><td>工序名称</td><td colspan="2"></td></tr>
<tr><td>交底提要</td><td colspan="5"></td></tr>
<tr><td>交底内容</td><td colspan="5">一、材料要求
二、主要机具
三、作业条件
四、工艺流程
五、操作要点</td></tr>
<tr><td>项目(专业)
技术负责人</td><td></td><td>交底人</td><td></td><td>接受交底人</td><td></td></tr>
</table>

工作实施

1. 钢筋进场验收

引导问题 19：钢筋的进场检验，应按照《钢筋混凝土用钢 第 1 部分：热轧光圆钢筋》(GB/T 1499.1—2017)、《钢筋混凝土用钢 第 2 部分：热轧带肋钢筋》(GB/T 1499.2—2018) 规定的____________、____________和____________进行检验，检验结果应符合标准的规定。请完成独立基础 DJz07 钢筋进场验收记录，并完成表 1-12 的填写。

表 1-12　独立基础 DJz07 钢筋进场验收记录

工程名称：　　　　　　　　　　　施工单位：　　　　　　　　　　　检查时间：

序号	规格、型号	进场数量	生产厂家	合格证编号	使用部位	外观质量					进场日期	取样日期	复试报告编号	复试结果	是否同意使用
						锈蚀	裂纹	油污	平直	损伤					
验收结论															

质量员：　　　　　　材料员：　　　　　　项目技术负责人：　　　　　　监理单位检查人：

2. 钢筋配料计算

引导问题 20：根据独立基础底板配筋长度的构造特征，独立基础底板钢筋计算分两种情况：独立基础底板 x 向、y 向长度<2500mm；独立基础底板 x 向、y 向长度≥2500mm。

1）独立基础底板 x 向、y 向长度<2500mm 时，钢筋的下料长度为独立基础底板 x 向、y 向长度减去两边的保护层厚度，即

钢筋的下料长度=边长-2×保护层厚度

独立基础底板每个方向钢筋根数的计算为

钢筋根数=[边长-2×min(75,s/2)]/受力钢筋间距+1

上式中的 min（75，s/2）是指靠基础边缘的第一根钢筋离底板边的距离≤75mm，且≤s/2（s 为受力钢筋的间距）。

2）独立基础底板 x 向、y 向长度≥2500mm 时，四周钢筋的下料长度为独立基础底板 x 向、y 向长度减去两边的保护层厚度，其余所有钢筋长度减短 10%，即

四周钢筋的下料长度=边长-2×保护层厚度

减短钢筋的下料长度=0.9×(边长-2×保护层厚度)

钢筋根数计算：

$$四周不减短钢筋根数=4\times1=4$$

$$每个方向减短钢筋根数=[边长-2\times\min(75,s/2)]/受力钢筋间距-1$$

独立基础 DJz07 底板钢筋下料长度计算步骤：

x 向边长 = ________________

y 向边长 = ________________

x 向配筋为 ________________

y 向配筋为 ________________

四周钢筋下料长度 = ________________

减短钢筋的下料长度 = ________________

四周不减短钢筋根数 = ________________

每个方向减短钢筋的根数 = ________________

____

x 向、*y* 向总钢筋根数 = ________________

独立基础 DJz07 钢筋配料单见表 1-13。

表 1-13　独立基础 DJz07 钢筋配料单

构件名称	钢筋编号	简图	钢筋牌号	钢筋直径	钢筋下料长度/mm	单位根数	合计根数	质量/kg	备注

3. 钢筋加工操作

引导问题 21：独立基础 DJz07 的所有配筋需要进行哪些加工？需要用到哪些设备、工具？请完成表 1-14 的填写。

____

____

____

表 1-14 独立基础 DJz07 钢筋加工检验批质量验收记录

<table>
<tr><td colspan="4">单位(子单位)工程名称</td><td colspan="11"></td></tr>
<tr><td colspan="4">分部(子分部)工程名称</td><td colspan="11"></td></tr>
<tr><td colspan="4">验收部位</td><td colspan="11"></td></tr>
<tr><td colspan="4">总承包施工单位</td><td colspan="8"></td><td colspan="2">项目负责人</td><td></td></tr>
<tr><td colspan="4">专业承包施工单位</td><td colspan="8"></td><td colspan="2">项目负责人</td><td></td></tr>
<tr><td colspan="4">施工执行的标准名称及编号</td><td colspan="11"></td></tr>
<tr><td colspan="5">施工质量验收规范的规定</td><td colspan="9">施工单位检查评定记录</td><td>监理(建设)单位验收记录</td></tr>
<tr><td rowspan="4">主控项目</td><td>1</td><td colspan="2">钢筋弯折的弯弧内直径</td><td>第 5.3.1 条</td><td colspan="9"></td><td rowspan="7"></td></tr>
<tr><td>2</td><td colspan="2">纵向受力钢筋弯折要求</td><td>第 5.3.2 条</td><td colspan="9"></td></tr>
<tr><td>3</td><td colspan="2">箍筋、拉筋的末端弯钩要求</td><td>第 5.3.3 条</td><td colspan="9"></td></tr>
<tr><td>4</td><td colspan="2">盘卷钢筋调直应进行力学性能和重量偏差检验</td><td>第 5.3.4 条</td><td colspan="9"></td></tr>
<tr><td rowspan="3">一般项目</td><td rowspan="3">钢筋加工允许偏差</td><td colspan="2">受力钢筋沿长度方向的净尺寸</td><td>±10mm</td><td></td><td></td><td></td><td></td><td></td><td></td><td></td><td></td><td></td></tr>
<tr><td colspan="2">弯起钢筋的弯折位置</td><td>±20mm</td><td></td><td></td><td></td><td></td><td></td><td></td><td></td><td></td><td></td></tr>
<tr><td colspan="2">箍筋外廓尺寸</td><td>±5mm</td><td></td><td></td><td></td><td></td><td></td><td></td><td></td><td></td><td></td></tr>
<tr><td colspan="4" rowspan="2">施工单位
检查评定结果</td><td colspan="3">专业工长
(施工员)签名</td><td colspan="4"></td><td colspan="2">施工班组长
签名</td><td colspan="2"></td></tr>
<tr><td colspan="11">项目专业质量检查员(签名):

年 月 日</td></tr>
<tr><td colspan="4">监理(建设)
单位验收结论</td><td colspan="11">专业监理工程师(签名):
(建设单位项目专业技术负责人签名):

年 月 日</td></tr>
</table>

4. 钢筋安装施工

引导问题 22：独立基础 DJz07 底板钢筋在绑扎前，应__________，以确保钢筋位置准确。用粉笔或专用钢筋画线笔在__________上画线，或在 x、y 两个方向的头尾两根钢筋上分别画线。每个方向的头尾两根钢筋分别位于另一个方向钢筋的端部向内__________mm 的位置，其他钢筋按设计要求的__________画线。绑扎时，每个十字交叉处均满扎。

独立基础 DJz07 底板钢筋绑扎完成后，应保证四周及下部的__________符合设计要求，下部用砂浆垫块来控制__________，垫块间距≤1000mm。

请完成独立基础 DJz07 钢筋安装工程检验批质量验收记录表（表 1-15）的填写。

表 1-15 独立基础 DJz07 钢筋安装工程检验批质量验收记录

<table>
<tr><td colspan="4">单位(子单位)工程名称</td><td colspan="10"></td></tr>
<tr><td colspan="4">分部(子分部)工程名称</td><td colspan="5"></td><td colspan="4">验收部位</td><td></td></tr>
<tr><td colspan="3">施工单位</td><td colspan="6"></td><td colspan="4">项目经理</td><td></td></tr>
<tr><td colspan="4">施工执行标准名称及编号</td><td colspan="10"></td></tr>
<tr><td colspan="5">施工质量验收规范的规定</td><td colspan="8">施工单位检查评定记录</td><td>监理(建设)单位验收记录</td></tr>
<tr><td rowspan="2">主控项目</td><td>1</td><td colspan="2">受力钢筋的品种、级别、规格和数量</td><td>第 5.5.1 条</td><td colspan="8"></td><td rowspan="16"></td></tr>
<tr><td>2</td><td colspan="2">受力钢筋的安装位置、锚固方式</td><td>第 5.5.2 条</td><td colspan="8"></td></tr>
<tr><td rowspan="14">一般项目</td><td rowspan="14">钢筋安装允许偏差</td><td rowspan="2">绑扎钢筋网</td><td>长、宽/mm</td><td>±10</td><td></td><td></td><td></td><td></td><td></td><td></td><td></td><td></td></tr>
<tr><td>网眼尺寸/mm</td><td>±20</td><td></td><td></td><td></td><td></td><td></td><td></td><td></td><td></td></tr>
<tr><td rowspan="2">绑扎钢筋骨架</td><td>长/mm</td><td>±10</td><td></td><td></td><td></td><td></td><td></td><td></td><td></td><td></td></tr>
<tr><td>宽、高/mm</td><td>±5</td><td></td><td></td><td></td><td></td><td></td><td></td><td></td><td></td></tr>
<tr><td rowspan="3">纵向受力钢筋</td><td>锚固长度/mm</td><td>-20</td><td></td><td></td><td></td><td></td><td></td><td></td><td></td><td></td></tr>
<tr><td>间距/mm</td><td>±10</td><td></td><td></td><td></td><td></td><td></td><td></td><td></td><td></td></tr>
<tr><td>排距/mm</td><td>±5</td><td></td><td></td><td></td><td></td><td></td><td></td><td></td><td></td></tr>
<tr><td rowspan="3">纵向受力钢筋、箍筋的混凝土保护层厚度/mm</td><td>基础</td><td>±10</td><td></td><td></td><td></td><td></td><td></td><td></td><td></td><td></td></tr>
<tr><td>柱、梁</td><td>±5</td><td></td><td></td><td></td><td></td><td></td><td></td><td></td><td></td></tr>
<tr><td>板、墙、壳</td><td>±3</td><td></td><td></td><td></td><td></td><td></td><td></td><td></td><td></td></tr>
<tr><td colspan="2">绑扎箍筋、横向钢筋间距/mm</td><td>±20</td><td></td><td></td><td></td><td></td><td></td><td></td><td></td><td></td></tr>
<tr><td colspan="2">钢筋弯起点位置/mm</td><td>20</td><td></td><td></td><td></td><td></td><td></td><td></td><td></td><td></td></tr>
<tr><td rowspan="2">预埋件</td><td>中心线位置/mm</td><td>5</td><td></td><td></td><td></td><td></td><td></td><td></td><td></td><td></td></tr>
<tr><td>水平高差/mm</td><td>+3, 0</td><td></td><td></td><td></td><td></td><td></td><td></td><td></td><td></td></tr>
<tr><td colspan="3" rowspan="2">施工单位检查评定结果</td><td>专业工长
(施工员)</td><td colspan="4"></td><td colspan="4">施工班组长</td><td colspan="2"></td></tr>
<tr><td colspan="11">项目专业质量检验员：
年 月 日</td></tr>
<tr><td colspan="3">监理(建设)单位验收结论</td><td colspan="11">专业监理工程师：
(建设单位项目专业技术负责人)：
年 月 日</td></tr>
</table>

评价反馈

独立基础 DJz07 钢筋施工任务评价见表 1-16。

表 1-16　独立基础 DJz07 钢筋施工任务评价

序号	测定项目	评分标准	满分	评价			综合得分
				自评	互评	师评	
1	钢筋进场验收	完全准确	20				
2	钢筋配料计算	完全准确	30				
3	钢筋加工操作	完全准确	20				
4	钢筋安装施工	完全准确	30				

相关知识点

1. 钢筋进场验收

钢筋进场质量检验通常包括外观检查和力学性能检验。检验的内容主要有：

1）首先查看是否有出厂质量证明书或试验报告单。

2）标牌检查。每捆（盘）钢筋都应有标牌，标牌上应有清楚的厂标、钢号、批号、尺寸等。此外，要同时检查钢筋的实际品种、直径等是否与标牌相符。

3）外观检查。钢筋应平直、无损伤，表面必须清洁，不得带有颗粒状或片状铁锈，以及裂纹、结疤、折叠、油渍和漆污等缺陷，外形尺寸必须符合设计要求。

4）力学性能和工艺性能检验。对于进场的钢筋应分批次做力学性能试验，合格后方可验收。应检测钢筋的屈服强度、抗拉强度、伸长率、弯曲性能和质量偏差等指标，检测结果必须符合相关标准的规定。

5）如钢筋在加工过程中发生脆断、焊接性变差或者力学性能显著不正常时，应进行钢筋化学成分分析。

6）钢筋的进场检验，应按照《钢筋混凝土用钢 第 1 部分：热轧光圆钢筋》（GB/T 1499.1—2017）、《钢筋混凝土用钢 第 2 部分：热轧带肋钢筋》（GB/T 1499.2—2018）规定的组批规则、取样数量和方法进行检验，检验结果应符合标准的规定。一般钢筋检验断后伸长率即可，牌号带“E”的钢筋还应检验最大拉力下的总伸长率。钢筋的质量证明文件主要为产品合格证和出厂检验报告。

7）考虑到目前钢筋场外加工的实际情况，箍筋、纵筋、焊接网、钢筋笼等成型钢筋进场时，应抽取试件做屈服强度、抗拉强度、伸长率和质量偏差检验，检验结果必须符合相关标准的规定。

8）根据《施工验收规范》第 5.1.2 条的规定，钢筋、成型钢筋进场检验，当满足下列条件之一时，其检验批容量可扩大一倍：

① 获得认证的钢筋、成型钢筋。

② 同一厂家、同一牌号、同一规格的钢筋，连续三批均一次检验合格。

③ 同一厂家、同一类型、同一钢筋来源的成型钢筋，连续三批均一次检验合格。

检查数量和检查方法应该严格按照规范中规定的内容进行。钢筋的进场检验应做好检验记录，检验记录要在相关人员签字认可后妥善保存。

2. 钢筋配料

钢筋进入施工现场后，就可以进行加工准备工作，由于构件的类型、尺寸和配筋方式不同，所需钢筋的形状、尺寸和数量也不同。所以，在钢筋加工前，根据构件的结构施工图、施工工艺和计算规则等，准确计算所需加工钢筋的形状、尺寸、数量，避免加工时出现偏差而影响后续的施工或造成材料的浪费，这一项工作称为钢筋配料。在编制钢筋配料单之前，首先应该熟悉图纸，要能够快速地将结构施工图中的钢筋的种类整理、汇总成明细表，并且准确识读出钢筋的设计尺寸。

1）钢筋配料是指根据构件结构施工图，先绘出各种形状和规格的单根钢筋简图并加以编号，然后分别计算钢筋的下料长度、根数及质量，填写钢筋配料单后即可加工。

2）钢筋配料单是指根据图纸罗列出构件中钢筋的规格、形状、下料长度、根数、质量等信息的表格，是工人进行钢筋加工的工作表单。

3）下料长度是指钢筋切断时的长度，按钢筋弯曲后的中心线长度来计算，因为弯曲后该长度不会发生变化。钢筋因弯曲或弯钩会使其长度发生变化，在进行配料时不能直接根据图纸中尺寸下料；必须先了解规范对混凝土保护层、钢筋弯曲、钢筋弯钩等的规定，再根据图中尺寸计算其下料长度。钢筋混凝土构件中的钢筋，由于设计及规范要求，有的需要在中间弯折一个角度，有的则要求在两端做各种角度的弯钩。在加工钢筋时，如果按照设计图纸中钢筋的标注尺寸逐段相加，以此作为下料长度，加工成型后的钢筋长度是不合适的，因为设计尺寸注写的是钢筋外包尺寸，而下料长度却是中心线尺寸。

4）外包尺寸标注。简图尺寸或设计图中注明的尺寸不包括端头的弯钩长度，它是根据构件尺寸、钢筋形状及保护层的厚度等按外包尺寸进行标注的，施工时只能按轴线尺寸下料才能保证加工后的钢筋形状和尺寸符合要求。钢筋弯折后尺寸变化如图 1-13 所示。

5）钢筋下料长度计算是钢筋配料的关键，一般钢筋的下料长度计算如下：

直钢筋下料长度=构件长度-保护层厚度+弯钩增加长度+钢筋搭接长度

弯起钢筋下料长度=直段长度+斜段长度-弯曲调整值（量度差值）+弯钩增加长度+钢筋搭接长度

箍筋下料长度=箍筋周长+箍筋调整值

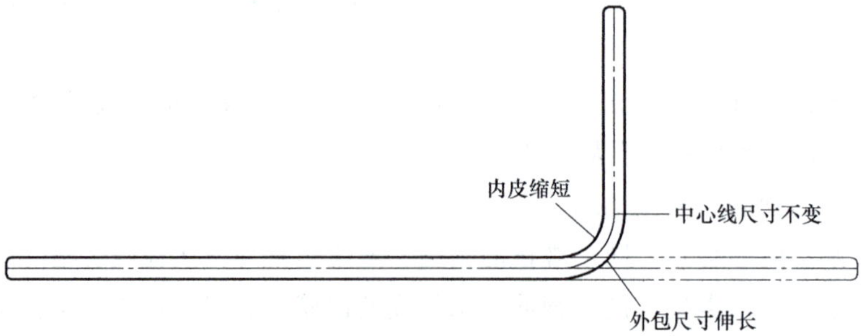

图 1-13 钢筋弯折后尺寸变化

6）弯钩增加长度。当采用外包尺寸标注时，可能钢筋弯钩处的外包尺寸没有弯钩中心线长度增加的大，这样就存在一个实际下料长度和外包尺寸之间的一个差值，这个差值就是下料时应按外包尺寸所增加的长度，称为弯钩增加长度。

工程中常用的弯钩形式有三种：半圆弯钩（180°）、斜弯钩（135°）、直弯钩（90°）。半圆弯钩常用于Ⅰ级钢筋；直弯钩常用于柱立筋的下部钢筋、附加钢筋和无抗震要求的箍筋；斜弯钩常用于Ⅱ级、Ⅲ级钢筋和有抗震要求的箍筋。图 1-14 中的弯钩增加长度为 $AB'=\overset{\frown}{ACD}+DB-AE$。不同角度的弯钩增加长度的取值见表 1-17。

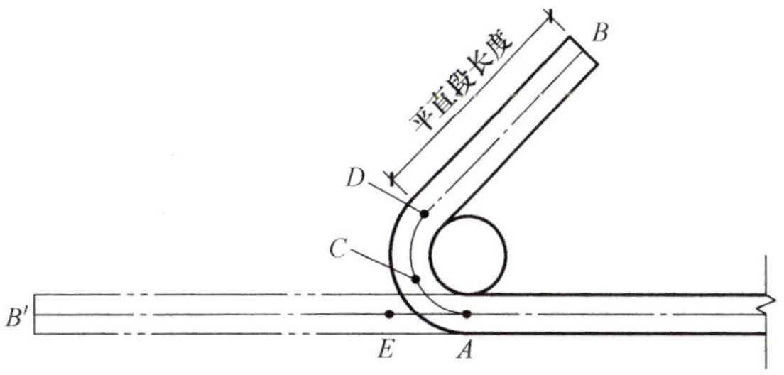

图 1-14　钢筋弯钩增加长度计算示意

表 1-17　不同角度的弯钩增加长度的取值

弯钩角度	弯弧内直径	钢筋中心线长度	平直段长度	弯钩增加长度计算过程	弯钩增加长度
90°	$D=5d$	$(D+d)\pi/4$	$5d$	$(D+d)\pi/4+5d-(D/2+d)$	$6.21d$
			$10d$	$(D+d)\pi/4+10d-(D/2+d)$	$11.21d$
135°	$D=2.5d$	$(D+d)3\pi/8$	$5d$	$(D+d)3\pi/8+5d-(D/2+d)$	$6.87d$
	$D=4d$				$8.64d$
	$D=2.5d$		$10d$	$(D+d)3\pi/8+10d-(D/2+d)$	$11.87d$
	$D=4d$				$13.64d$
180°	$D=2.5d$	$(D+d)\pi/2$	$3d$	$(D+d)\pi/2+3d-(D/2+d)$	$6.25d$
			$10d$	$(D+d)\pi/2+10d-(D/2+d)$	$13.25d$

注：d 为钢筋直径。

7）弯曲调整值。钢筋弯曲时，其弯曲处外壁伸长，内壁缩短，而中心线长度并不改变，计算钢筋的下料长度是按中心线的长度计算的。钢筋加工成型后的量度尺寸都是沿直线测量的外包尺寸，显然外包尺寸大于中心线长度，它们之间存在一个差值，称为弯曲调整值或量度差值，即在下料时，下料长度应用量度尺寸减去弯曲调整值。钢筋每弯曲一次，就会出现一个弯曲调整值。根据规范要求，对于带肋的钢筋，当弯曲 30°、45°、60°、90°、135°时，弯弧内直径 D 取 $5d$；对于光圆钢筋，取规范规定的最小值 $D=2.5d$。弯曲调整值根据理论计算以及工程经验确定，见表 1-18。

表 1-18　钢筋弯曲调整值

弯曲角度	30°	45°	60°	90°	135°
弯曲调整值	$0.35d$	$0.5d$	$0.85d$	$2d$	$2.5d$

注：d 为钢筋直径。

8）钢筋的混凝土保护层。钢筋混凝土构件中，为了保护钢筋不被锈蚀，同时保证钢筋与混凝土之间的黏结性，按照规范规定应设有混凝土保护层。混凝土保护层的厚度是指从最外层钢筋的外边缘至构件外边缘的距离。

施工图上通常不标明混凝土保护层厚度，其取值根据环境类别按照《混凝土结构设计规范》(GB 50010—2010) 第 8.2.1 条的规定取值，见表 1-19。

表 1-19　混凝土保护层的最小厚度 c　(单位：mm)

环境类别	板、墙、壳	梁、柱、杆
一	15	20
二 a	20	25
二 b	25	35
三 a	30	40
三 b	40	50

注：1. 混凝土强度等级不大于 C25 时，表中保护层厚度数值应增加 5mm。
2. 钢筋混凝土基础宜设置混凝土垫层，基础中钢筋的混凝土保护层厚度应从垫层顶面算起，且不应小于 40mm。

9) 箍筋调整值是指弯钩增加长度和弯曲调整值两项之差或之和，根据箍筋的外包尺寸或内包尺寸确定。箍筋的度量方法有两种，一种是测量外包尺寸，另一种是测量内包尺寸，如图 1-15 所示。箍筋调整值见表 1-20。

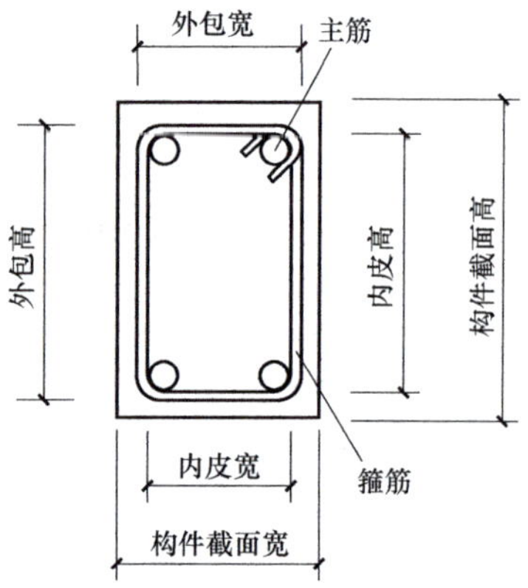

图 1-15　箍筋度量示意

3. 钢筋加工

在清楚了钢筋所需要的具体形状、尺寸和下料长度后，即可针对目前施工进度安排按照编号对钢筋进行加工：由于钢筋在存放一段时间后表面会发生氧化，产生锈迹，需要在加工之前进行除锈和防锈处理；盘条供应的钢筋，需要进行调直处理后方可下料；不同构件所需要的钢筋长度各不相同，要根据下料长度对钢筋进行切割；由于设计需要，钢筋需要加工成不同形状的弯钩等。以上这些，在钢筋安装前进行的调直、除锈、切断、弯曲等工作统称为钢筋加工。

表 1-20　箍筋调整值　(单位：mm)

箍筋度量方法	箍筋直径			
	4~5	6	8	10~12
测量外包尺寸	40	50	60	70
测量内包尺寸	80	100	120	150~170

钢筋加工一般集中在车间采用流水作业方法进行，然后运至工地进行安装和绑扎。钢筋加工顺序为：钢筋调直→钢筋除锈→钢筋下料剪切→钢筋弯曲→钢筋连接。

(1) 钢筋调直

钢筋直径在 10mm 以下的光圆钢筋一般以盘卷供货，针对盘卷供货的钢筋需要在加工之前进行调直。钢筋调直的方法有人工调直与机械调直。人工调直冷拔低碳钢筋可以通过导轮牵引调直；机械调直是通过钢筋调直机或者卷扬机调直；钢筋调直机可以用于调直直径 6~

14mm 的盘卷钢筋，并且可根据需要的长度自动切断钢筋，还可在调直过程中将钢筋表面的氧化物、铁锈和污物直接除掉。

根据《施工验收规范》第 5.3.4 条规定，盘卷钢筋调直后应进行力学性能和质量偏差的检验，其强度应符合国家现行有关标准的规定，其断后伸长率、质量偏差应符合规定。

在使用机械调直时，应注意加工区域的安全，防止发生安全事故。对于调直好的钢筋应按照级别、直径、长度、数量分别堆放。

（2）钢筋除锈

在加工钢筋之前，首先应对钢筋的表面进行检查，根据实际状况确定合适的处理方法。首先是锈迹的识别，根据锈迹的分布状况、色泽变化以及钢筋的表面粗糙度等来确定锈蚀程度。锈蚀程度一般有三种：浮锈、陈锈和老锈。

1）浮锈处于钢筋锈蚀的初期，钢筋表面附着较均匀的呈黄色或淡红色的细粉末。一般不影响混凝土与钢筋的黏结力，可用麻布袋等将表面的锈迹擦拭干净即可。

2）陈锈的锈迹粉末较粗，用手捻略有微粒感，颜色为红色或红褐色。处理方法有人工除锈、机械除锈和酸洗除锈。

① 人工除锈常用钢丝刷、砂盘等擦拭钢筋表面，或者将钢筋在砂盘上来回拉动。人工除锈方法简单，但是劳动强度较大。

② 机械除锈常用钢筋除锈机除锈或者喷砂除锈。其中，盘卷钢筋通过冷拉或调直机自动除锈；较粗的钢筋，可利用电动圆盘钢丝刷来清刷钢筋上的铁锈，这种除锈机一般是由钢筋加工单位自制的。喷砂除锈是利用空气压缩机、储砂罐、喷头等设备，通过空气压缩机产生强大的气流形成高压砂流来除锈。这种方法适用于量大的除锈工作，除锈效果较好。

③ 酸洗除锈是将盘卷钢筋放入硫酸或盐酸溶液中，经过化学反应除锈。一般在酸洗除锈前先进行机械除锈，可以缩短 50%的酸洗时间，节约 80%的酸洗溶液。

3）老锈的锈迹十分明显，有麻坑，出现起层的片状分离现象，锈斑遍布整个钢筋表面，颜色变为暗深褐色，严重的接近黑色。老锈如果不做处理直接使用，会导致混凝土出现裂缝，影响结构的承载能力。对于老锈的处理，首先用小锤敲击掉起层的锈片，再用砂盘或者除锈机彻底除锈。

除锈的检验：经过除锈处理过的钢筋表面，不应有颗粒状或者片状的老锈；在除锈过程中，发现钢筋表面的氧化皮脱落严重并且已经损伤钢筋截面的，应该降级使用或者剔除不用；除锈后钢筋表面仍有严重麻坑、斑点腐蚀界面时，也应降级使用或者剔除不用。

（3）钢筋下料剪切

为了使加工过程更加快速，同时避免钢材的浪费，钢筋在切断前应该做好以下准备工作：

1）复核。根据钢筋配料单复核料牌上所标注的钢筋直径、尺寸、数量是否正确。

2）确定下料方案。根据场地内的库存情况确定下料方案，要求长短搭配、减少损耗。

3）度量准确。要避免使用短尺量长料，防止产生累积误差。

4）试切钢筋。调试好设备后，先试切 1~2 根，尺寸无误后再成批加工。

钢筋切断的方法有人工切断与机械切断两种。人工切断常用断线钳、切断器和液压切断器。人工切断可用于切断 16mm 以下的 HPB300 钢筋。机械切断常用机械切断机施工，操作时要保证断料准确，钢筋与切断机端口要垂直，切断过程中若发现钢筋有劈裂、缩头或者严重的弯头时，必须切除。在进行机械切断时，应注意人身安全，按照操作规程推料、切料，防止加工过程中刀片崩刃、刀口伤人。

（4）钢筋弯曲

为了保证钢筋弯曲加工的准确性，在进行弯曲前应该做好以下准备工作：

1）熟悉被加工钢筋的规格、形状和各部分尺寸。

2）画线。在下好料的钢筋上，根据加工形状，在需要弯曲的位置上用笔做出标志。

3）试弯。取一根钢筋进行试弯，试弯完成后核对其与设计尺寸是否相符，完全符合后方可进行成批生产。

钢筋弯曲的方法同样也有两种：人工弯曲和机械弯曲。钢筋的弯曲均应在常温下进行，严禁将钢筋加热后再弯曲。人工弯曲设备简单，成型精度高；机械弯曲可以减轻劳动强度，提高工作效率。机械弯曲的设备主要有钢筋弯曲机和钢筋弯箍机。

钢筋加工完成后，应该按照规定对加工好的钢筋进行检查，钢筋加工的形状、尺寸应符合设计要求。

（5）钢筋连接

在工程上，部分直径较小的钢筋采用盘卷供货，其余的均采用直条供应。直条钢筋受生产、运输和加工条件限制，供货长度一般为 6~9m，但实际构件中所需要的钢筋常会超过供货长度，这时候就需要接长钢筋。在钢筋下料时，为了节约钢材、合理利用下料后剩余的钢筋，也需要将钢筋进行接长后继续使用。因此，钢筋连接是钢筋加工过程中非常重要的一道工序。

钢筋连接有三种方法：焊接连接、机械连接、绑扎连接。在使用钢筋连接时应注意以下问题：

① 钢筋接头宜设置在受力较小处，同一根钢筋不宜设置 2 个以上接头，同一构件中的纵向受力钢筋接头宜相互错开。

② 直径大于 12mm 的钢筋，应优先采用焊接接头或机械连接接头。

③ 轴心受拉和小偏心受拉构件的纵向受力钢筋；直径大于 28mm 的受拉钢筋、直径大于 32mm 的受压钢筋不得采用绑扎搭接接头。

④ 直接承受动力荷载的构件，纵向受力钢筋不得采用绑扎搭接接头。

1）焊接连接。钢筋连接采用焊接连接时，可节约钢材、改善结构受力性能、提高工效、降低成本。常用的焊接方法有闪光对焊、电阻点焊、气压焊、电弧焊、电渣压力焊等。电渣压力焊是利用电流通过渣池产生的电阻热将钢筋端部熔化，再施加压力使钢筋焊合，又称为竖焊，该工艺操作简单、工效高、成本低、比电弧焊接头省电，比绑扎连接和帮条焊节约钢筋；但对焊工要求较高，多用于施工现场直径 14~40mm 的竖向或斜向（倾斜度 4：1

以内）钢筋的焊接接长。

2）机械连接。钢筋机械连接是通过钢筋与连接件的机械咬合作用或钢筋端面的承压作用，将一根钢筋的力传到另一根钢筋上的连接方法。钢筋机械连接又称为“冷连接”，是继绑扎、焊接之后的第三种常用钢筋接头技术，具有接头强度高于钢筋母材、施工速度快、无污染、节省钢材等优点。

钢筋机械连接的类型有很多种，包括套筒挤压连接、螺纹套筒连接等。

① 套筒挤压连接是将两根待连接钢筋插入一个特制钢套管内，采用挤压机和压模在常温下对套管加压，使两根钢筋紧固成一体，连接示意图如图 1-16 所示。套筒挤压连接适用于直径 18~40mm 的 HRB335、HRB400、RRB400 钢筋的机械连接，施工时要求连接钢筋的异径差不大于 5mm。按挤压方式的不同，套筒挤压连接又可分为径向挤压和轴向挤压两种方式。采用轴向挤压连接时，现场施工不方便且接头质量不够稳定，因而在工程中使用的套筒挤压连接都是径向挤压连接。

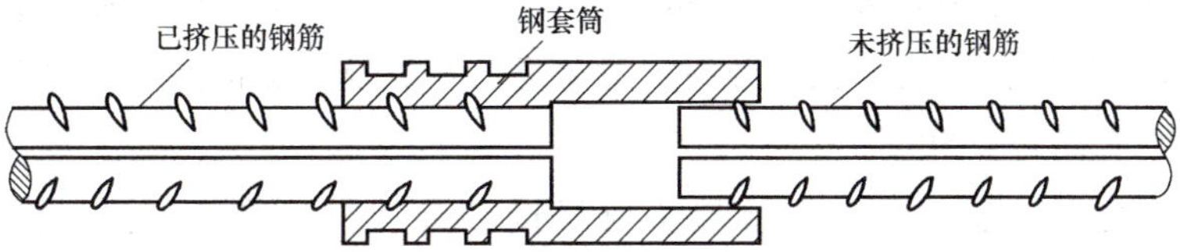

图 1-16　套筒挤压连接示意

② 螺纹套筒连接是将两根待接钢筋的端部和套管预先加工成螺纹，然后用力矩扳手将两根钢筋的端部旋入套筒，形成机械式钢筋接头。螺纹套筒连接分为锥螺纹套筒连接和直螺纹套筒连接两种形式。

直螺纹套筒连接（图 1-17）是一种新形螺纹连接方式，包括墩粗直螺纹接头、滚轧直螺纹接头。螺纹套筒连接能在现场连接直径 14~40mm 的同径、异径（异径差不大于 9mm）的竖向、水平或任何倾角的钢筋，具有连接速度快、对中性好、工艺简单、安全可靠、节约钢材和能源，可全天候施工的优点，可用于一级、二级抗震设防的工业与民用建筑的梁、板、柱、墙、基础的施工；但不得用于预应力钢筋或承受反复动荷载及高应力疲劳荷载的结构中。螺纹套筒由专业厂家提供，螺纹套筒采用优质碳素钢制作，套筒的受拉承载力不小于钢筋抗拉强度的 1.1 倍。钢筋连接端的螺纹采用钢筋剥肋滚丝机在现场加工。

图 1-17　直螺纹套筒连接

进行螺纹套筒连接时，先取下钢筋连接端的塑料保护帽，检查螺扣是否完好无损，规格与套筒是否一致；确认无误后，把拧有连接套的钢筋拧到被连接钢筋上，并用力矩扳手按规定的力矩值拧紧钢筋接头，当听到扳手发出“咔哒”声时，表明钢筋接头已被拧紧，做好标志，以防钢筋接头漏拧。

3）绑扎连接。钢筋的绑扎连接主要是利用混凝土的黏结锚固作用实现两根锚固钢筋的力的传递。绑扎连接的基本做法是，先将钢筋按规定长度搭接，再借助工具在交叉点用钢丝绑扎。

绑扎连接的施工工艺较简单，因而应用很广泛；但是绑扎搭接的可靠性与焊接或者机械连接相比较弱。《施工验收规范》对绑扎连接的应用范围进行了限制，以下情况不宜采用绑扎连接：

① 轴心受拉及小偏心受拉构件的纵向受力钢筋不得采用绑扎搭接接头；当受拉钢筋的直径大于 28mm 及受压钢筋直径大于 32mm 时不宜采用绑扎搭接接头。

② 需要进行疲劳验算的构件，其纵向受拉钢筋不得采用绑扎搭接接头，也不宜采用焊接接头，且严禁在钢筋上焊有任何附件（端部锚固除外）。

钢筋绑扎连接的位置：钢筋接头宜设置在构件受力较小处，同一纵向受力钢筋不宜设置两个或两个以上接头，接头末端至钢筋弯起点的距离不应小于钢筋直径的 10 倍。同一构件中相邻纵向受力钢筋的绑扎搭接接头宜相互错开，位于同一连接区段内（钢筋搭接长度的 1.3 倍）的受拉钢筋搭接接头面积百分率：对梁类、板类及墙类构件不宜大于 25%，对基础筏板、柱类构件不宜大于 50%。

同一构件中受力钢筋的机械连接接头或焊接接头宜相互错开，位于同一连接区段内（长度为受力钢筋中较大直径的 35d，且不小于 500mm）的纵向受力钢筋接头的面积百分率在受拉区不宜大于 50%；接头不宜设在有抗震要求的框架梁端、柱端的箍筋加密区，无法避开时，对等强度高质量的机械连接接头不大于 50%。

4. 钢筋安装

（1）钢筋安装施工的工具

钢筋绑扎安装所用的工具有钢筋钩、带扳口的小撬棍、绑扎架、钢丝刷、粉笔、尺子等。钢筋钩是绑扎钢筋的主要工具，如图 1-18 所示。带扳口的小撬棍主要用于调整钢筋间距、矫直钢筋的部分弯曲以及用来放置保护层垫块。为了确保绑扎质量，绑扎钢筋骨架时必须使用钢筋绑扎架。绑扎钢筋时还需要用到一些辅助材料，主要有绑扎用的钢丝、垫块等。钢筋绑扎用的钢丝，主要采用 20~22 号钢丝，其中 22 号钢丝只用于绑扎直径 12mm 以下的钢筋。钢筋绑扎钢丝的长度可参考表 1-21 的数值采用。因绑扎钢丝是成盘供应的，故习惯上是按每盘钢丝周长的几分之一来切断。

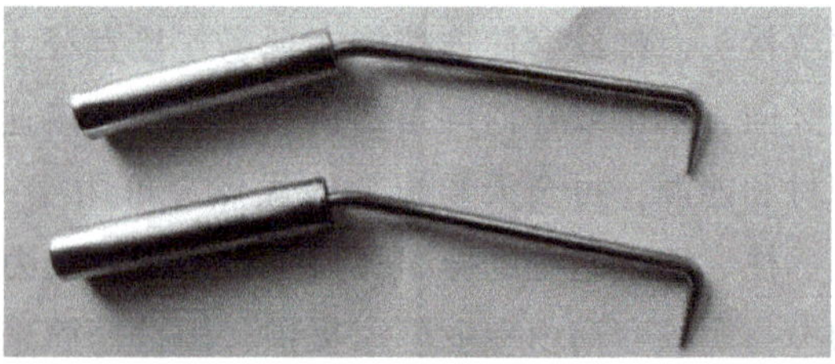

图 1-18 钢筋钩

表 1-21 钢筋绑扎钢丝长度参考（单位：mm）

钢筋直径/mm	3~5	6~8	10~12	14~16	18~20	22	25	28	32
3~5	120	130	150	170	190	—	—	—	—
6~8	—	150	170	190	220	250	270	290	320

（续）

钢筋直径/mm	3~5	6~8	10~12	14~16	18~20	22	25	28	32
10~12	—	—	190	220	250	270	290	310	340
14~16	—	—	—	250	270	290	310	330	360
18~20	—	—	—	—	290	310	330	350	380
22	—	—	—	—	—	330	350	370	400

垫块的主要作用是保证钢筋位置正确，满足钢筋所需的混凝土保护层厚度，以及支撑钢筋骨架。垫块宜用与结构强度相同的细石混凝土制成，也可以采用塑料垫块（图 1-19a）、塑料环圈（图 1-19b）、拉结筋、支撑筋等。

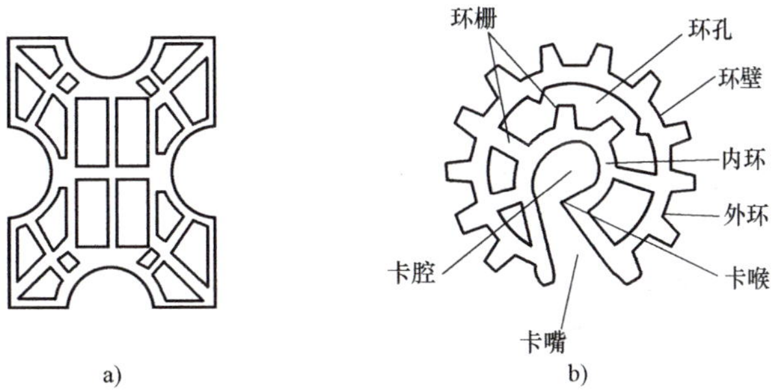

图 1-19 塑料垫块与塑料环圈

a）塑料垫块 b）塑料环圈

为使安装准确、高效，现场安装钢筋前应先做好准备工作：

1）核对成品钢筋的牌号、直径、形状、尺寸和数量等是否与料单、料牌相符。如有错漏，应纠正、增补。

2）准备绑扎用的钢丝、绑扎工具（如钢筋钩、带扳口的小撬棍）、绑扎架、垫块等。

3）画出钢筋位置线，对于平板或墙板的钢筋，在模板上画线；对于柱的箍筋，在两根对角线的主筋上画点；对于梁的箍筋，则在架立筋上画点；对于基础的钢筋，在两向各取一根钢筋画点或在垫层上画线。

4）绑扎复杂结构的钢筋时，应先研究逐根钢筋穿插就位的顺序，并与模板工讨论支模板和绑扎钢筋的先后顺序，以减少施工困难。

（2）独立基础底板钢筋的绑扎安装

独立基础底板钢筋在绑扎前，应画线以确保钢筋位置准确。用粉笔或专用钢筋画线笔在垫层上画线，或在两个方向的头尾两根钢筋上分别画线。每个方向的头尾两根钢筋分别在另一个方向钢筋的端部向内 15mm 的位置画线，其他钢筋按设计要求的间距画线。绑扎时，每个十字交叉均满扎。

独立基础底板钢筋绑扎完成后，应保证四周及下部的保护层厚度符合设计要求，下部用 50mm×50mm×50mm 砂浆垫块来控制保护层厚度，垫块间距≤1000mm。

任务三 独立基础模板施工

任务描述

独立基础施工图如图 1-1 所示，请完成该独立基础模板工程施工。

学习目标

通过本任务的学习，学生应达到以下目标：

1. 掌握模板的类型及施工过程。
2. 能完成独立基础模板安装施工。
3. 能完成独立基础模板工程检查验收。

任务单

独立基础模板施工任务单见表1-22。

表1-22　独立基础模板施工任务单

专业班组		班长		日期	
施工任务：独立基础DJz07模板工程施工					
检查意见：					
签章：					

任务分组

独立基础模板施工学生任务分配见表1-23。

表1-23　独立基础模板施工学生任务分配

班级		组号		指导教师	
组长		学号			
组员	学号	姓名	任务分工		

获取信息

模板工序是使混凝土按设计要求的形状、尺寸成形的关键工序，模板作为一种周转性材料，同时由于其在施工质量中的关键性作用，对施工工期、成本投入、质量控制均有重要影响。

基础模板施工工艺流程：模板设计→模板加工→模板安装→模板验收→模板拆除。

1. 模板设计

引导问题 1： ______和______，在其适用范围内一般不需要进行设计或验算。而对于______、______或超出适用范围的一般模板，应根据工程结构形式、______、地基类别、______和材料供应等条件进行设计，以确保工程质量和施工安全，防止浪费。模板及其支架应具有足够的______、刚度和______，能可靠地承受______、______以及______。

引导问题 2： 模板系统由______、______和______三部分组成。面板部分是指______；支架是指______。

引导问题 3： 模板及其支架系统必须符合的基本要求有：

1）______。

2）______。

3）______。

4）______。

5）______。

引导问题 4： 模板按结构类型的不同，主要分为______、______、______、______、______、______、壳模板等多种类型。模板按所用材料的不同，分为______、______、______、______、______、______和______等。模板按施工方法的不同可分为______、______和______三种。

引导问题 5： 模板配模图设计是以______为单位，绘制______，并汇总______。

模板配模图设计内容包括：

1）______。

2）______。

3）______。

4）______。

______。

引导问题 6： 根据《施工验收规范》第 4.1.1 条的规定，模板工程应______。______的施工方案，应按有关规定______。

引导问题 7： 根据《施工验收规范》第 4.1.2 条的规定，模板及支架应______进行设计，并应满足______要求。

2. 模板加工

引导问题 8： 钢模板及其配件应按____________加工，成品经________后方可使用。加工制作钢模板所用的各种钢材和焊条以及模板的________________。

木模板及其支撑应根据__________________________加工，对独立基础，每一阶应进行详细配模，然后把各种型号的模板进行____________，形成模板配料单。切割模板应采用____________，应保证切割面____________，防止____________。

引导问题 9： 建筑模板的配制方法主要有以下四种：

1）____。

2）____。

3）____。

4）____。

3. 模板安装

引导问题 10： 应合理选择模板的安装顺序，模板的安装顺序一般是___________安装。安装过程中应注意模板的稳定，可设________________稳住模板，待安装完毕且___________后方可固定。上下层模板的__________，应当在_________________上，有利于荷载有效传递。底层支柱必须坐落在________________________上，并有______________________。

模板安装要与__________、__________密切配合，相互创造条件。如有预埋件时，先在_____________________________________，后将预埋件____。

引导问题 11： 模板安装过程应注意垂直度、__________________________正确。浇捣混凝土时，要观察模板的变形，发现________________________等现象，应及时______________________。

4. 模板验收

引导问题 12： 根据《施工验收规范》第 4.2.1 条的规定，模板及支架用__________应符合国家现行有关标准的规定。进场时应________________________________。

检查数量：按__________________________确定。

检验方法：检查__________________________。

引导问题 13： 根据《施工验收规范》第 4.2.2 条的规定，现浇混凝土结构__________，应符合______________________________的要求。

检查数量：按__________________________确定。

检验方法：按__________________________执行。

引导问题 14： 根据《施工验收规范》第 4.2.3 条的规定，后浇带处的____。

检查数量：____。

检验方法：____。

引导问题 15：根据《施工验收规范》第 4.2.4 条的规定，支架竖杆或竖向模板安装在土层上时，应符合下列规定：

1）____。

2）____。

3）____。

检查数量：____。

检验方法：____。

引导问题 16：根据《施工验收规范》第 4.2.5 条的规定，模板安装质量应符合下列要求：

1）____。

2）____。

3）____。

4）____。

____。

5）____。

检查数量：____。

检验方法：____。

引导问题 17：根据《施工验收规范》第 4.2.6 条的规定，隔离剂的__________应符合施工方案的要求。隔离剂不得__________________；不得__________________；不得__________________。

检查数量：____。

检验方法：____。

引导问题 18：根据《施工验收规范》第 4.2.8 条的规定，现浇混凝土结构__________________________。____。

____。

检查数量：____。

检验方法：____。

引导问题 19：根据《施工验收规范》第 4.2.9 条的规定，固定在模板上的__________________________。有抗渗要求的混凝土结构中的______________，应按________________________采取防渗措施。________________应满足设计和施工方案的要求。当__________________________时，其______________应符合表 1-24 的规定，请完善表 1-24。

检查数量：在同一检验批内，对梁、柱和独立基础，应抽查构件数量的 10%，且不应少于 3 件；对墙和板，应按有代表性的自然间抽查 10%，且不应少于 3 间；对大空间结构，墙可按相邻轴线间高度 5m 左右划分检查面，板可按纵、横轴线划分检查面，抽查 10%，且均不应少于 3 面。

检验方法：____。

表 1-24　预埋件和预留孔洞的安装允许偏差

项目		允许偏差/mm
预埋板中心线位置		
预埋管、预留孔中心线位置		
插筋	中心线位置	
	外露长度	
预埋螺栓	中心线位置	
	外露长度	
预留洞	中心线位置	
	尺寸	

注：检查中心线位置时，沿纵、横两个方向量测，并取其中偏差的较大值。

引导问题 20：根据《施工验收规范》第 4. 2. 10 条的规定，________________________ ________________________应符合表 1-25 的规定，请完善表 1-25。

检查数量：在同一检验批内，对______________________，应________________________；对墙和板，应按有代表性的自然间抽查 10%，且不应少于 3 间；对大空间结构，墙可按相邻轴线间高度 5m 左右划分检查面，板可按纵、横轴线划分检查面，抽查 10%，且均不应少于 3 面。

表 1-25　现浇结构模板安装的允许偏差及检验方法

项目		允许偏差/mm	检验方法
轴线位置			
底模上表面标高			
模板内部尺寸	基础		
	梁、墙、柱		
	楼梯相邻踏步高差		
柱、墙垂直度	层高≤6m		
	层高>6m		
相邻模板表面高差			
表面平整度			

5. 模板拆除

引导问题 21：模板及支架的拆除应符合____ ____________________的规定和施工方案的要求。现浇混凝土结构模板的拆除日期，取决于__ ____，及时拆模可提高____________________，为后续工作创造条件。如过早拆模，因混凝土____________________________，过早承受荷载会____________________________。

引导问题 22：非承重模板（如侧模板），应在____ ____________________________时，方可拆除。

引导问题 23：在拆除模板过程中，如发现混凝土有____________________________时，应＿＿＿＿＿＿。经过＿＿＿＿＿＿后，方可继续拆除。

已拆除模板及其支架的结构，应在混凝土强度＿＿＿＿＿＿＿＿＿＿＿＿＿＿＿＿。当＿＿＿＿＿＿＿＿＿＿时，必须经过核算，加设临时支撑。

工作计划

按照收集资料和决策的过程，制订独立基础 DJz07 模板工程施工方案，见表 1-26。

表 1-26　独立基础 DJz07 模板工程施工方案

序号	工作内容	负责人
1		
2		
3		
4		

进行决策

讨论独立基础 DJz07 模板工程的施工过程和施工要点，决定独立基础 DJz07 模板工程施工技术交底的内容等，完成表 1-27 的填写。

表 1-27　独立基础 DJz07 模板工程施工技术交底记录

工程名称			施工单位		
编号			交底日期		
交底部位			工序名称		
交底提要					
交底内容	一、材料要求 二、主要机具 三、作业条件 四、工艺流程 五、操作要点				
项目(专业)技术负责人		交底人		接受交底人	

工作实施

1. 模板配模图绘制

本工程独立基础 DJz07 的模板采用木模板，利用架子管或木方加固。根据独立基础 DJz07 的施工图尺寸制作每一个阶梯的模板，并绘制其模板配模图，编制模板配料单。

1）确定本工程使用的标准模板的尺寸为________________________________。

2）确定本工程使用的模板板厚为________________________________。

3）绘制模板配模图，编制模板配料单，完成表 1-28 的填写。

表 1-28 模板配模图及模板用量

<table>
<tr><td>编号</td><td colspan="3">DJz07</td></tr>
<tr><td>配模图</td><td colspan="3"></td></tr>
<tr><td>标准板数量</td><td colspan="3"></td></tr>
<tr><td rowspan="5">非标准板</td><td>序号</td><td>尺寸/mm</td><td>数量</td></tr>
<tr><td></td><td></td><td></td></tr>
<tr><td></td><td></td><td></td></tr>
<tr><td></td><td></td><td></td></tr>
<tr><td></td><td></td><td></td></tr>
</table>

2. 作业条件准备

引导问题 24：________________________及标高控制线已经测设完毕。

引导问题 25：完成基础钢筋及框架柱插筋绑扎，并经监理工程师检查验收合格，办理完________________________验收手续。

3. 独立基础模板安装

独立基础模板的支模顺序应由下至上逐阶向上安装，安装示意图如图 1-20 所示。

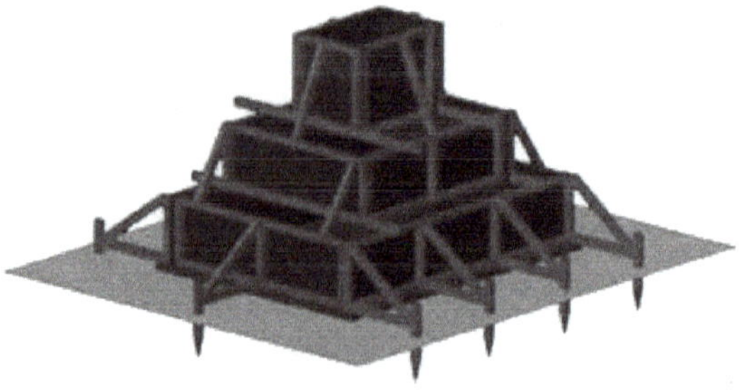

图 1-20 独立基础模板安装示意

引导问题 26：基底标高复核如何进行？

1）在独立基础模板安装之前，在混凝土垫层上弹出基础________________。

2）基础施工前，基础的混凝土垫层表面应__________________________，标高应符合设计要求。独立基础 DJz07 的基底标高为____________m。

引导问题 27：模板如何拼装？

把配制好的模板搬运至基坑内，根据____进行模板的拼装。

引导问题 28：如何进行轴线校核？

模板拼装完成后，根据基础平面图中轴线和基础的位置关系，在每边模板的上口__________对应的位置用木工笔做标志；然后移动每边的模板，使模板上口的__________标志与对应龙门架上的__________在同一竖直平面内（用小线锤吊测）。当每边模板__________位置都调整到位后，轴线校核完成。

引导问题 29：模板顶标高如何校正？

独立基础底部标高经复核符合设计要求后，基础模板顶部标高的误差就不会很大，模板顶部标高需用__________测量进行校正，使每边模板__________符合设计要求，四周保证在同一水平面上。

引导问题 30：模板加固如何处理？

独立基础侧模板及其支架应有足够的____________________________，能可靠地承受浇筑混凝土的重量、侧压力以及施工荷载。基础模板仅靠模板本身是无法满足上述要求的，所以还要用钢管脚手架或木方对其进行加固，以满足模板的________________________________要求。

完成独立基础 DJz07 模板安装工程检验批质量验收记录表（表 1-29）的填写。

4. 独立基础模板拆除

引导问题 31：现浇结构的模板及其支架拆除时，_______________应符合设计要求；当设计无具体要求时，应符合下列规定：侧面模板在混凝土强度能保证其____，方可拆除。拆模前设专人检查混凝土强度，拆模时采用撬棍从一侧按一定顺序拆除，不得用_________________________，以免损坏混凝土边角和模板边框。

模板拆除顺序一般是____，并应从上往下拆除。

模板拆除后应将其表面______________，对变形和损伤部位应进行修复。模板应边拆除边清理，涂刷______________，分类____________，基坑边不允许堆放模板。

表 1-29　独立基础 DJz07 模板安装工程检验批质量验收记录

单位(子单位)工程名称						
分部(子分部)工程名称				验收部位		
总承包施工单位				项目负责人		
专业承包施工单位				项目负责人		
施工执行的标准名称及编号						

类别	序号	施工质量验收规范的规定				施工单位检查评定记录	监理(建设)单位验收记录
主控项目	1	模板及支架用材料			第 4.2.1 条		
主控项目	2	模板及支架安装质量			第 4.2.2 条		
主控项目	3	后浇带处模板及支架设置			第 4.2.3 条		
主控项目	4	支架竖杆或竖向模板安装在土层上时应符合的规定			第 4.2.4 条		
一般项目	1	模板安装的要求			第 4.2.5 条		
一般项目	2	隔离剂的品种和涂刷方法			第 4.2.6 条		
一般项目	3	模板起拱高度			第 4.2.7 条		
一般项目	4	多层连续支模			第 4.2.8 条		
一般项目	5	预埋件和预留孔洞要求及防渗措施			第 4.2.9 条		
一般项目	5	预埋件、预留孔洞允许偏差	预埋板中心线位置		3mm		
一般项目	5	预埋件、预留孔洞允许偏差	预埋管、预留孔中心线位置		3mm		
一般项目	5	预埋件、预留孔洞允许偏差	预埋筋	中心线位置	5mm		
一般项目	5	预埋件、预留孔洞允许偏差	预埋筋	外露长度	+10,0mm		
一般项目	5	预埋件、预留孔洞允许偏差	预埋螺栓	中心线位置	2mm		
一般项目	5	预埋件、预留孔洞允许偏差	预埋螺栓	外露长度	+10,0mm		
一般项目	5	预埋件、预留孔洞允许偏差	预留洞	中心线位置	10mm		
一般项目	5	预埋件、预留孔洞允许偏差	预留洞	尺寸	+10,0mm		
一般项目	6	现浇结构模板安装允许偏差	轴线位置		5mm		
一般项目	6	现浇结构模板安装允许偏差	底模上表面标高		±5mm		
一般项目	6	现浇结构模板安装允许偏差	模板内部尺寸	基础	±10mm		
一般项目	6	现浇结构模板安装允许偏差	模板内部尺寸	柱、墙、梁	±5mm		
一般项目	6	现浇结构模板安装允许偏差	模板内部尺寸	楼梯相邻踏步高差	5mm		
一般项目	6	现浇结构模板安装允许偏差	柱、墙垂直度	层高≤6m	6mm		
一般项目	6	现浇结构模板安装允许偏差	柱、墙垂直度	层高>6m	8mm		
一般项目	6	现浇结构模板安装允许偏差	相邻模板表面高差		2mm		
一般项目	6	现浇结构模板安装允许偏差	表面平整度		5mm		

专业承包施工单位检查评定结果	专业工长(施工员)签名	施工班组长签名
	项目专业质量检查员(签名)： 年　月　日	
监理(建设)单位验收结论	专业监理工程师(签名)： (建设单位项目专业技术负责人签名)： 年　月　日	

评价反馈

独立基础 DJz07 模板施工任务评价见表 1-30。

表 1-30　独立基础 DJz07 模板施工任务评价

序号	测定项目	评分标准	满分	评价			综合得分
				自评	互评	师评	
1	模板配模图绘制	完全准确	25				
2	作业条件准备	完全准确	10				
3	独立基础模板安装	完全准确	25				
4	模板施工质量验收	完全准确	20				
5	独立基础模板拆除	完全准确	20				

相关知识点

1. 模板的体系构成

模板是使混凝土结构和构件按所要求的几何尺寸成型的模型板。模板系统由面板、支架和连接件三部分组成。面板是指与混凝土直接接触，使混凝土具有规定形状的模型板，支架是指支撑面板、承受荷载，并使面板保持要求的形状、大小、位置的结构。现浇混凝土结构用模板工程的造价约占钢筋混凝土工程总造价的 30%，总用工量的 50%。采用先进的模板技术，可显著提高工程质量，加快施工速度，提高劳动生产率和降低工程成本。

模板及其支架系统必须符合如下基本要求：

1）保证结构和构件各部分形状、尺寸和位置的正确性。

2）具有足够的强度、刚度和稳定性。

3）构造简单、装拆方便，能多次周转使用。

4）接缝严密，不易漏浆。

5）成本低。

模板工程的施工工艺一般包括模板的选材、选型、设计、制作、安装、拆除和修整。进行模板设计的技术人员，在了解模板工程基本构造的基础上，应根据上述基本要求进行材料的选择和结构计算等，最后给出整个模板工程的合理施工方案。

2. 模板的分类

模板有多种分类方式，通常按以下方式分类：

（1）按结构类型分类

根据现浇钢筋混凝土结构构件的形状、尺寸、构造的不同，模板的构造及组装也不同，主要可分为基础模板、柱模板、梁模板、楼板模板、楼梯模板、墙模板、壳模板等多种类型。

（2）按所用材料分类

根据所用材料的不同，模板可分为木模板、组合钢模板、钢模板、胶合板模板、塑料模板、玻璃钢模板和铝合金模板等。

木模板一般先在木工车间或木工棚中加工成基本组件，然后再在现场进行拼装。木模板的基本组件——拼板，由板条通过拼条钉成。板条厚度一般为25～50mm，宽度不大于200mm，以保证在干缩时缝隙均匀，浇水后易于密封，受潮后不易翘曲。梁底的拼板由于会受到较大荷载，需要加厚至50mm。拼条根据受力情况可平放或立放。拼条间距取决于所浇筑混凝土的侧压力和板条厚度，一般为400～500mm。

组合钢模板由钢模板和连接件两大部分组成，它可以拼成不同尺寸、不同形状的模板，以适应基础、梁、柱、板、墙施工的需要。组合钢模板尺寸适中、组装灵活、装拆方便，适用于人工装拆或预制大模板、台模等的施工。

1）钢模板。钢模板是用于混凝土浇筑成型的钢制模板，分为通用模板和专用模板两类。通用模板包括平面模板、阳角模板、阴角模板、连接角模板，其代号分别为P、Y、E、L。如P3004表示平面模板，宽度为300mm，长度为450mm。专用模板包括倒棱模板、柔性模板、搭接模板、可调模板及嵌补模板等。

平面模板由面板、边框、纵（横）肋构成。其中，边框与面板常用2.5～3.0mm厚钢板冷轧冲压整体成型，纵（横）肋用3mm厚的扁钢与面板边框焊接而成。为了便于连接，边框上有连接孔，边框的长向及短向的孔距均一致，以便横竖都能拼接。平面模板的长度有1800mm、1500mm、1200mm、900mm、750mm、600mm、450mm等规格，宽度范围为100～600mm，可组成不同尺寸的模板。在构件接头处及一些特殊部位，可用专用模板嵌补；不足模数的空缺处也可用少量木模板补缺，用钉子或螺栓将方木与平面模板的边框孔洞连接。阳角模板和阴角模板用于成型混凝土结构的阴、阳角，连接角模板用作两块平面模板拼成90°角的连接件。

2）连接件。组合钢模板的连接件包括U形卡、L形插销、对拉螺栓、钩头螺栓、紧固螺栓、蝶形扣件和山形卡等。

① U形卡是模板的主要连接件，用于相邻模板的拼装。

② L形插销用于插入两块模板纵向连接处的插销孔内，以增强模板纵向接头处的刚度。

③ 对拉螺栓用于连接墙壁两侧的模板，以保持墙壁厚度，并承受混凝土侧压力及水平荷载，使模板不发生变形。其又称为穿墙螺栓。

④ 钩头螺栓是指连接模板与支撑系统的连接件。

⑤ 紧固螺栓是指用于连接内、外钢楞之间的连接件。

⑥ 蝶形扣件和山形卡用于钢楞之间或钢楞与模板之间的扣紧。

3）配板方案。采用组合钢模板时，同一构件的模板展开可用不同规格的钢模板作出多种方式的组合排列，可形成不同的配板方案。配板方案对支模效率、工程质量和施工成本都有影响，合理的配板方案应满足以下原则：

① 宜选用大规格通用钢模板，模板整体性好，又可以减少装拆工作。

② 应根据所配模板的形状、几何尺寸和支撑形式进行模板配板。

③ 钢模板的长向接缝宜错开布置，以增加模板的整体刚度和平整度。钢楞与木桁架之间的缝隙可不受接缝位置的限制。

④ 预埋件和预留孔洞的位置应用虚线在配板图上注明，并注明其固定方法。钢模板上需钻孔设置拉筋时，应考虑孔洞周围情况。

⑤ 若构造上无特殊要求，转角可不用阳角模板，而用连接角模板代替。阴角模板宜用于两侧长度的转角处，转角部位的短向结构可用木方代替。

组合钢模板具有许多优点：强度高、刚度大、坚固耐久、规格齐全、装配灵活、通用性好、板面平整、拼缝严密等。

（3）按施工方法分类

根据施工方法不同，模板可分为现场装拆式模板、固定式模板和移动式模板三种。

1）现场装拆式模板是在施工现场按照设计要求的结构形状、尺寸及空间位置组装的模板，当混凝土达到拆模强度后再拆除模板。现场装拆式模板多用定型模板和工具式支撑。

2）固定式模板多用于制作预制构件，施工时按照构件的形状、尺寸在现场或预制厂制作，再涂刷隔离剂、浇筑混凝土，待混凝土达到规定强度后立即脱模并清理模板，再重新涂刷隔离剂，制作下一批构件。各种胎模也属于固定式模板。

3）采用移动式模板施工时，随着混凝土的浇筑，模板可沿垂直方向或水平方向移动，例如墙、柱混凝土浇筑时采用的滑升模板、提升模板等。

3. 模板设计

定形模板和常用的模板拼板，在其适用范围内一般不需要进行设计或验算。而对于重要结构的模板、特殊结构形式的模板或超出适用范围的一般模板，应根据工程结构形式、荷载大小、地基类别、施工设备和材料供应等条件进行设计，以确保质量和施工安全，防止浪费。模板及其支架应具有足够的承载能力、刚度和稳定性，能可靠地承受浇筑混凝土的重量、侧压力以及施工荷载。

模板和支架的设计，包括选型，选材，荷载计算，结构计算，拟定制作、安装和拆除方案，绘制配模图等。

（1）荷载

在计算模板及支架时，可采用下列荷载设计或验算方式。

1）模板及支架自重。模板及支架自重，可根据模板设计图纸或实物经计算确定。对于肋形楼板及无梁楼板，模板的自重标准值见表 1-31。

表 1-31　楼板（肋形楼板、无梁楼板）模板自重标准值　（单位：kN/m^2）

模板构件	木模板	定形组合钢模板
平板模板及小楞自重	0.3	0.5
楼板模板自重（包括梁模板）	0.5	0.75
楼板模板及支架自重（楼层高度≤4m）	0.75	1.1

2）新浇筑混凝土的自重标准值。新浇筑普通混凝土的自重标准值取 $24kN/m^3$，其他混凝土根据实际重量确定。

3）钢筋自重标准值一般根据工程图纸确定。一般梁、板结构每立方米钢筋混凝土的钢筋重量：楼板取 1.1kN；梁取 1.5kN。

4）施工人员及施工设备荷载标准值。计算模板及直接支撑模板的小楞时，均布活荷载取 $2.5kN/m^2$，并以集中荷载 2.5kN 进行验算，取两种计算结果的最大值。计算直接支撑小楞的构件时，均布活荷载取 $1.5kN/m^2$。计算支架立柱及其他支撑结构构件时，均布活荷载取 $1.0kN/m^2$。

对大型浇筑设备（如上料平台、混凝土输送泵等）按实际情况计算。混凝土堆料高度超过 100mm 以上时，应按实际情况计算。如单块模板尺寸小于 150mm，集中荷载可分布在相邻两块板上计算。

5）振捣混凝土时产生的荷载标准值（作用范围在有效压头高度之内），水平面模板荷载取 $2.0kN/m^2$，垂直面模板取 $4.0kN/m^2$。

6）新浇筑混凝土对模板的侧压力标准值。当采用内部振捣器时，新浇筑混凝土对模板的侧压力标准值，可按下列计算式计算，并取两式中的较小值：

$$F=0.22\gamma_c t_0\beta_1\beta_2 V^{1/2}$$

$$F=\gamma_c H$$

式中 F——新浇筑混凝土对模板的侧压力标准值（kN/m^2）；

γ_c——混凝土的密度（kN/m^3）；

t_0——新浇混凝土的初凝时间（h），可按实测确定；当缺乏试验资料时，可按 $t_0=200/(T+15)$ 计算，T 为混凝土的温度（℃）；

V——混凝土浇筑速度（m/h）；

H——侧压力标准值计算位置至新浇筑混凝土顶面的总高度（m）；

β_1——外加剂影响修正系数，不掺外加剂时取 1.0，掺缓凝型外加剂时取 1.2；

β_2——混凝土坍落度影响修正系数，当坍落度小于 30mm 时，取 0.85；当坍落度为 50~90mm 时，取 1.0；当坍落度为 110~150mm 时，取 1.15。

7）倾倒混凝土时产生的荷载标准值。倾倒混凝土时对垂直面模板产生的水平荷载：用溜槽、串筒或导管向模板内灌注混凝土时取 $2kN/m^2$；用容量 $\leqslant 0.2m^3$ 的运输器具向模板内倾倒混凝土时取 $2kN/m^2$；用容量为 $0.2\sim 0.8m^3$ 的运输器具向模板内倾倒混凝土时取 $4kN/m^2$；用容量 $>0.8m^3$ 的运输器具向模板内倾倒混凝土时取 $6kN/m^2$。

8）风荷载按《建筑结构荷载规范》（GB 50009—2012）的有关规定计算。

9）计算模板及其支架时的荷载分项系数。计算模板及其支架的荷载设计值时，应采用荷载标准值乘以相应的荷载分项系数求得。荷载分项系数按以下要求取值：

① 当荷载类别为模板及支架自重或新浇筑混凝土自重或钢筋自重时，取 1.35。

② 当荷载类别为施工人员及施工设备荷载或振捣混凝土时产生的荷载时，取 1.4。

③ 当荷载类别为新浇筑混凝土对侧面模板的侧压力时，取 1.35。

④ 当荷载类别为倾倒混凝土产生的荷载时，取 1.4。

（2）计算规定

1）模板荷载组合：计算模板及其支架的荷载设计值时，应根据表 1-32 的规定进行荷载组合。

2）验算模板及其支架的刚度时允许的变形值：结构表面外露的模板，取模板构件跨度的 1/400；结构表面隐蔽的模板，取模板构件跨度的 1/250；支架压缩变形值或弹性挠度，取相应的结构计算跨度的 1/1000。

表 1-32　计算模板及其支架的荷载组合

项次	项目	荷载类别	
		计算强度用	验算刚度用
1	平板、薄壳模板及其支架	1)+2)+3)+4)	1)+2)+3)
2	梁和拱模板的底板	1)+2)+3)+5)	1)+2)+3)
3	梁、拱、柱(边长≤300mm)、墙(厚≤100mm)的侧面模板	5)+6)	6)
4	厚大结构、柱(边长>300mm)、墙(厚>100mm)的侧面模板	6)+7)	6)

注：表中“1)”~“7)”为前述“(1) 荷载”中的项目。

（3）配模图设计

为了减少模板材料的浪费，加快木工配模的速度，采用集中配模的方式对控制成本及缩短工期有非常显著的作用。模板配模图设计是以单构件（单个基础、单块平板、单个柱、单个梁、单个墙体等构件）为单位，绘制构件模板支撑体系及配模图，并汇总模板配料单。模板配模图设计内容包括：

1）画出各构件的模板展开图。

2）绘制模板配板图。

3）根据配板图进行支撑工具布置，绘制支撑布置图。

4）根据配板图和支撑布置图，计算所需模板和配件的规格、数量，列出模板配料单，用于备料。

模板配模图的绘制方法：

1）确定标准模板的尺寸，例如 1830mm×915mm。在配模过程中应尽量选择标准的模板尺寸进行配模，以方便施工。

2）确定模板的板厚，例如 9mm、12mm、15mm、18mm、21mm、24mm 等。

3）在构件平面图中将所需配模的部位进行编号。

4）选一个单构件，将模板的板厚绘制出来，并将每一面的模板进行编号并标注尺寸，以便后续绘制模板。在绘制模板时需注意“长边包短边”。

5）选择其中一面模板，通过标注的尺寸绘制模板长度，再考虑其他构件对模板尺寸的影响，确定所绘制模板的高度。

4. 模板的加工

对于钢模板及其配件，应按批准的加工图加工，成品经检验合格后方可使用。加工制作钢模板所用的各种钢材、焊条、模板的几何尺寸必须符合设计要求。

对于木模板及其支撑，应根据模板配料单、木方配料单加工独立基础每一阶和梁、板、柱、墙等构件不同部位的模板。对所有的基础、梁、板、柱、墙等应分别进行详细配模，然后对各种型号的模板进行编号、统计，形成模板配料单。切割模板应采用高速精密圆盘锯，以保证切割面的平直度，防止拼缝处漏浆。

建筑模板的配制方法主要有以下四种：

1）按图纸尺寸直接配制建筑模板。结构形体简单的构件，如基础、梁、柱、板、墙等构件的建筑模板的配制，可根据结构施工图直接按尺寸列出建筑模板的规格和数量进行配制。建筑模板、横档及楞木的断面和间距，以及支撑系统的配制，都可按一般规定或查施工手册选用。

2）按放大样的方法配制建筑模板。形体复杂的结构构件，如楼梯、线脚、挑檐、异型结构的建筑模板，可按放大样的方法配制建筑模板。放大样是指在平整的地面上，按结构图，足尺画出结构构件的实样，以此测量各部分建筑模板的准确尺寸或套制样板，同时可确定建筑模板及其安装的节点构造，进行建筑模板的制作。

3）按计算方法配制建筑模板。形体复杂的结构构件，用放大样的方法配制建筑模板虽然准确，但比较麻烦，还需要一定的场地。建筑工程的结构构件许多是有规律的几何体，楼梯、线脚、挑檐、异型结构的建筑模板也可以用计算方法或采用计算及放大样相结合的方法进行建筑模板的配制。

4）用结构表面展开法配制建筑模板。复杂的挑檐及线脚，其建筑模板的配制也适合使用结构表面展开法，施工时先画出建筑模板平面图和展开图，再进行配模设计和建筑模板的制作。

5. 模板的安装

模板的安装顺序一般是自下而上安装。安装过程中注意模板的稳定性，可设临时支撑稳住模板，待安装完毕且校正无误后方可固定。上下层模板之间的立柱应当在一条竖向中心线上，选择有利于荷载的有效传递。底层支柱必须坐落在坚实的地基上，并有足够的支撑面积。

模板安装要与钢筋绑扎、水电安装密切配合，相互创造条件。如有预埋件时，先在模板的相应位置画线做出标志，然后将预埋件紧贴在模板上加以固定。

模板的安装应考虑拆除方便，宜在不拆梁底板及支架的情况下拆除梁侧板和平板的底板，以便周转使用。模板安装过程中应注意垂直度、中心线、标高及各部位尺寸正确。浇捣混凝土时，要观察模板的变形，发现有位移、胀模、下沉、漏浆、支架松动、地基下沉等现象时，应及时采取措施对模板进行加固处理。

（1）阶梯形独立基础模板

每一阶模板由 4 块侧板拼钉而成，其中两块侧板的尺寸与相应的台阶侧面尺寸相等，另两块侧板的长度一般为 150~200mm，4 块侧板用木档拼成方框。上下台阶模板的四周设置斜撑和水平支撑进行加固。

(2) 锥形独立基础模板

锥形独立基础的坡度>30°时，采用斜模板支护，利用螺栓与底板钢筋拉紧，以防上浮，模板上部设通气孔及振捣孔；坡度≤30°时，利用钢丝网（间距 30cm）防止混凝土下坠，上口设井字木控制钢筋位置。任何情况下，不得用重物冲击模板，不准在吊帮的模板上搭设脚手架，以保证模板的牢固程度和严密性。

(3) 独立基础模板安装流程

1) 作业条件如下：

① 轴线、模板边线、模板控制线及标高控制线已经测设完毕。

② 完成独立基础钢筋及框架柱插筋绑扎，并经监理工程师检查验收合格，办理完隐蔽工程验收手续。

2) 基底标高复核。在独立基础模板安装之前，在混凝土垫层上弹出基础中心线和边线，基础的混凝土垫层表面应平整、干净，标高符合设计要求。独立基础 DJz07 的基底标高应为-1.500m。

3) 模板拼装。把配制好的模板搬运至基坑内，根据独立基础施工图的基础尺寸进行模板的拼装。

4) 轴线校核。模板拼装完成后，根据独立基础平面图中轴线和基础的位置关系，在每边模板的上口轴线对应位置处用木工笔做好标志，然后移动每边的模板，使模板上口的轴线标志与对应龙门架上的轴线在同一竖直平面内（用小线锤吊测）。当每边模板轴线位置都调整到位后，轴线校核工作完成。

5) 模板顶部标高校核。独立基础底部标高复核符合设计要求后，基础模板顶部标高的误差一般不会很大，但模板顶部标高的精度要求要比基底标高的精度高，所以模板顶部标高需用水准仪进行校核，使每边模板的顶部标高符合设计要求，四周保证在同一水平面上。

6) 模板加固。独立基础侧模板及其支架应有足够的承载力、刚度和稳定性，能可靠地承受浇筑混凝土的重量、侧压力以及施工荷载。独立基础模板仅靠模板本身是无法满足上述要求的，可用钢管脚手架或木方对其进行加固，以满足模板的承载能力、刚度和稳定性要求。

6. 模板的拆除

模板及支架的拆除应符合《混凝土结构工程施工规范》(GB 50666—2011) 的规定和施工方案的要求。现浇混凝土结构模板的拆除日期，取决于结构的性质、模板的用途和混凝土的硬化速度，及时拆模可提高模板的周转效率，为后续工作创造条件。如过早拆模，因混凝土未达到强度要求，过早承受荷载会产生变形甚至会造成重大的质量事故。

(1) 模板拆除的规定

1) 非承重模板（如侧板），应在混凝土强度能保证其表面及棱角不因拆除模板而受损坏时，方可拆除。

2) 承重模板应在与结构同条件养护的试块达到表 1-33 规定的强度后，方可拆除。

表 1-33　整体式结构拆模时所需的混凝土强度

项次	结构类型	结构跨度/m	按设计混凝土强度的标准值百分率计(%)
1	板	≤2	50
		>2,≤8	75
		>8	100
2	梁、拱、壳	≤8	75
		>8	100
3	悬臂梁构件	≤2	75
		>2	100

3）在拆除模板过程中，如发现混凝土有影响结构安全的质量问题时，应暂停拆除。经过处理满足安全要求后，方可继续拆除。

4）已拆除模板及其支架的结构，应在混凝土强度达到设计强度后才允许承受全部的计算荷载。当承受施工荷载大于计算荷载时，必须经过核算，并加设临时支撑。

（2）拆除模板的注意事项

1）拆模时不要用力过猛，拆下来的模板要及时运走、整理、堆放，以便二次使用。

2）模板及其支架的拆除顺序及安全措施应按施工技术方案执行。拆模顺序一般是后支的先拆，先拆除非承重部分，后拆除承重部分。一般是谁安装、谁拆除。重大复杂模板的拆除，事先应制订拆模方案。

3）拆除框架结构模板的顺序：柱模板→楼板底板→梁侧模板→梁底模板。拆除跨度较大的梁下支柱时，应先从跨中开始，分别拆向两端。

4）楼层板支柱的拆除，应按下列要求进行：上层楼板正在浇筑混凝土时，下一层楼板的模板支柱不得拆除，再下一层楼板模板的支柱仅可拆除一部分；跨度 4m 及 4m 以上的梁下均应保留支柱，其间距不大于 3m。

5）拆模时，应尽量避免混凝土表面或模板受到损坏，注意整块板落下伤人。

任务四　独立基础混凝土施工

任务描述

独立基础施工图如图 1-1 所示，请完成该独立基础混凝土工程施工。

学习目标

通过本任务的学习，学生应达到以下目标：

1. 掌握混凝土施工技术。

2. 掌握独立基础混凝土的施工工艺。

3. 能完成独立基础混凝土施工的质量验收。

任务单

独立基础混凝土施工任务单见表 1-34。

表 1-34　独立基础混凝土施工任务单

专业班组		班长		日期	
施工任务:独立基础 DJz07 混凝土工程施工					
检查意见:					
签章:					

任务分组

独立基础混凝土施工学生任务分配见表 1-35。

表 1-35　独立基础混凝土施工学生任务分配

班级		组号		指导教师	
组长		学号			
组员	学号	姓名	任务分工		

获取信息

混凝土施工包括混凝土的制备、搅拌、运输、浇筑、振捣和养护等施工过程。各个施工过程既相互联系又相互影响，在混凝土施工过程中除按有关规定控制混凝土原材料质量外，任一施工过程处理不当都会影响混凝土的最终质量，因此在施工过程中要严格控制好每一个施工环节。

1. 混凝土配制

引导问题 1：混凝土施工包括混凝土的____________、____________、____________、__________、__________和__________等施工过程。

引导问题 2：混凝土的材料主要包括____________________、____________________、____________、____________________和____________________等。

引导问题 3：混凝土实验室配合比是指____。

混凝土施工配合比是指____。

两者的区别是____。

引导问题 4：混凝土的搅拌分为____________和____________两种。

混凝土搅拌的投料顺序应从______________________，减________________________，______________________，______________________等方面综合考虑确定。

2. 混凝土运输

引导问题 5：对混凝土拌合物运输的要求如下：

1）应保持混凝土的______________，避免产生______________，混凝土运至浇筑地点，应符合____。

2）混凝土应以________________，________________，从搅拌地点运至浇筑地点，保证混凝土____不超过规范规定。

3）运输工作应保证混凝土的浇筑工作____。

4）运送混凝土的容器应______________，其内壁应__________________，____________________，______________，黏附的混凝土残渣应______________，并应______________。

3. 混凝土浇筑

引导问题 6：混凝土浇筑要保证混凝土的__________________________，要保证结构的__________________________________，拆模后混凝土表面要平整、光洁。

混凝土自高处倾落的高度不应超过________m，否则应使用______________等下料。

混凝土应______________，分层捣实，并应在____________________，将次层混凝土浇筑完毕，以保证混凝土的________________________________。

引导问题 7：施工缝的留置，混凝土结构大多要求整体浇筑，如因________________的原因，混凝土______________________，且停顿时间______________，则应预先在适当位置留置施工缝。

施工缝宜留在__________________的部位，同时要__________________。

4. 混凝土振捣

引导问题 8：混凝土捣实的方法有______________和______________。施工现场主要用______________法。一般只有在________________________的情况下，才用人工振捣。

混凝土振捣机械按其传递振动的方式分为__________、__________、__________和__________。在施工工地主要使用__________和__________。内部振动器又称为__________，多用于振捣现浇__________等结构构件和厚大体积设备基础的混凝土捣实。

引导问题 9：混凝土分层灌注时，每层的厚度不应超过__________，在振捣上一层混凝土时，要将振捣棒__________，使上下层混凝土接合成一个整体。振捣上层混凝土要在__________进行。

要准确掌握好内部振动器每个插点的__________。时间过长、过短都会引起__________。每一个插点的振捣延续时间，一般以__________为准。

5. 混凝土养护

引导问题 10：混凝土浇筑后，必须根据__________加强养护措施。混凝土养护的方法有很多，通常按其养护工艺分为__________和__________两大类。

人工养护就是用人工来控制混凝土的__________，使混凝土强度增长，如__________、__________、__________等。主要用来养护__________，现浇构件大多用__________。

自然养护又分为__________和__________，施工现场以__________为主要养护方法。浇水养护是指__________，日平均气温__________的自然气候条件下，用__________将混凝土表面覆盖并经常__________，以保持覆盖物充分__________。

引导问题 11：浇水养护时必须注意以下事项：

1）当环境最高气温低于______℃时，混凝土浇筑完后应在______h 以内加以覆盖和浇水；最高气温高于______℃时，应在______h 以内开始养护。

2）在已浇筑的混凝土强度达到__________N/mm^2 以后，方可在其上允许__________等。

3）混凝土浇水养护日期依据__________确定，硅酸盐水泥和普通硅酸盐水泥、矿渣硅酸盐水泥拌制的混凝土，不得少于______d；掺用__________的混凝土，不得少于 14d；采用其他品种水泥时，混凝土的养护时间，应根据水泥技术性能确定。

4）养护用水应与__________相同，浇水的次数__________为准。

5）在养护过程中，如发现__________，致使混凝土表面__________时，应立即__________，并__________加以补救。

6）平均气温__________℃时，不得浇水养护。

6. 混凝土施工质量验收

引导问题 12：根据《施工验收规范》第 7.1.1 条的规定，混凝土强度应__________

________________的规定分批检验评定。划入________________的混凝土，其________________。

检验评定混凝土强度时，应采用________________。

试件成型方法及标准养护条件应________________的规定。采用蒸汽养护的构件，其试件应________________，然后再________________。

引导问题 13：根据《施工验收规范》第 7.1.5 条的规定，________________混凝土，混凝土生产单位应提供________________。

引导问题 14：根据《施工验收规范》第 7.1.6 条的规定，________________的原材料质量、制备等应符合________________的规定。

引导问题 15：根据《施工验收规范》第 7.2.1 条的规定，水泥进场时，应对其________________等进行检查，并应对________________进行检验，检验结果应符合________________的相关规定。

检查数量：____。

检验方法：检查________________。

引导问题 16：根据《施工验收规范》第 7.2.2 条的规定，混凝土外加剂进场时，应对其________________等进行检查，并应对________________进行检验，检验结果应符合________________和________________等的规定。

检查数量：________________________________。

检验方法：检查________________。

引导问题 17：根据《施工验收规范》第 7.2.4 条的规定，混凝土原材料中的粗集料、细集料质量应符合________________的规定，使用经过净化处理的海砂应符合________________的规定，再生混凝土集料应符合________________和________________的规定。

检查数量：________________________________。

检验方法：检查________________。

引导问题 18：根据《施工验收规范》第 7.2.5 条的规定，混凝土拌制及养护用水应符合________________的规定。采用________________，可不检验；采用________________等其他水源时，应对________________进行检验。

检查数量：____。

检验方法：检查____。

引导问题 19：根据《施工验收规范》第 7.3.1 条的规定，________________进场时，其质量应符合________________________________的规定。

检查数量：____。

检验方法：检查____。

引导问题 20：根据《施工验收规范》第 7.3.3 条的规定，混凝土中____________应符合____。

检查数量：____。

检验方法：检查____。

引导问题 21：根据《施工验收规范》第 7.3.4 条的规定，首次使用的____________，其____。

检查数量：____。

检验方法：检查____。

引导问题 22：根据《施工验收规范》第 7.4.2 条的规定，________________。后浇带和施工缝的留设及处理方法应____________________________________。

检查数量：____。

检验方法：____。

引导问题 23：根据《施工验收规范》第 7.4.3 条的规定，混凝土浇筑完毕后应及时________________，____。

检查数量：____。

检验方法：____。

工作计划

按照收集资料和决策的过程，制订独立基础 DJz07 混凝土工程施工方案，见表 1-36。

表 1-36 独立基础 DJz07 混凝土工程施工方案

序号	工作内容	负责人
1		
2		
3		
4		
5		
6		

进行决策

讨论独立基础 DJz07 混凝土工程的施工过程和施工要点，决定独立基础 DJz07 混凝土工程施工技术交底的内容等，完成表 1-37 的填写。

表 1-37　独立基础 DJz07 混凝土工程施工技术交底记录

<table>
<tr><td>工程名称</td><td colspan="2"></td><td colspan="2">施工单位</td><td></td></tr>
<tr><td>编　　号</td><td colspan="2"></td><td colspan="2">交底日期</td><td></td></tr>
<tr><td>交底部位</td><td colspan="2"></td><td colspan="2">工序名称</td><td></td></tr>
<tr><td>交底提要</td><td colspan="5"></td></tr>
<tr><td>交底内容</td><td colspan="5">一、材料要求

二、主要机具

三、作业条件

四、工艺流程

五、操作要点</td></tr>
<tr><td>项目(专业)
技术负责人</td><td></td><td>交底人</td><td></td><td>接受交底人</td><td></td></tr>
</table>

工作实施

1. 材料进场验收

引导问题 24： 商品混凝土的进场要求有哪些？

____

____

____

____

完成独立基础 DJz07 混凝土原材料及配合比设计检验批质量验收记录表（表 1-38）的填写。

表 1-38 独立基础 DJz07 混凝土原材料及配合比设计检验批质量验收记录

单位(子单位)工程名称					
分部(子分部)工程名称				验收部位	
施工单位				项目经理	
施工执行的标准名称及编号					
施工质量验收规范的规定				施工单位检查评定记录	监理(建设)单位验收记录
主控项目	1	水泥进场检验	第 7.2.1 条		
	2	混凝土外加剂进场检验	第 7.2.2 条		
一般项目	1	矿物掺合料进场检验	第 7.2.3 条		
	2	粗细骨料的质量	第 7.2.4 条		
	3	拌制及养护混凝土用水	第 7.2.5 条		
施工单位检查评定结果	专业工长(施工员)签名			施工班组长签名	
	项目专业质量检查员(签名): 年 月 日				
监理(建设)单位验收结论	专业监理工程师(签名): (建设单位项目专业技术负责人签名): 年 月 日				

2. 混凝土浇筑、振捣

引导问题 25：独立基础 DJz07 混凝土浇筑前的准备工作包括哪些？

____

____

____

____

____

____

引导问题 26：独立基础 DJz07 混凝土浇筑的要求：

1）浇筑前，混凝土不应发生______________或______________现象。应对垫层及模板____________湿润，以湿润无明水为宜。

2）混凝土浇筑工作应____________进行，且不得分层。应保证混凝土从搅拌机卸出后到浇筑完毕，并且上层混凝土振捣、覆盖完的时间，不超过____________时间。

3）使用插入式振捣棒振捣时，要____插____拔，插点要________排列，要逐点移动，按顺序进行，不得遗漏。要求振捣棒的移动间距不大于 400mm，振捣持续时间应使混凝土表面__________________________________为止。达到设计标高后振捣完毕，用木杠刮平，待混凝土收水时再用木抹子压实搓平，至少压三遍，将表面裂纹压回，使表面密实平整，最后用 2m 靠尺检查平整。

3. 混凝土养护

引导问题 27：混凝土浇筑完成后____h 内应立即进行养护，应使用__________________覆盖表面，在其上洒水保持混凝土表面湿润。养护时间不少于__________d。

完成独立基础 DJz07 混凝土施工检验批质量验收记录表（表 1-39）的填写。

表 1-39　独立基础 DJz07 混凝土施工检验批质量验收记录

<table>
<tr><td colspan="3">单位(子单位)工程名称</td><td colspan="4"></td></tr>
<tr><td colspan="3">分部(子分部)工程名称</td><td colspan="2"></td><td>验收部位</td><td></td></tr>
<tr><td colspan="3">总承包施工单位</td><td colspan="2"></td><td>项目负责人</td><td></td></tr>
<tr><td colspan="3">专业承包施工单位</td><td colspan="2"></td><td>项目负责人</td><td></td></tr>
<tr><td colspan="3">施工执行的标准名称及编号</td><td colspan="4"></td></tr>
<tr><td colspan="4">施工质量验收规范的规定</td><td colspan="2">施工单位检查评定记录</td><td>监理(建设)单位验收记录</td></tr>
<tr><td>主控项目</td><td>1</td><td>混凝土强度等级及试件的取样和留置</td><td>第 7.4.1 条</td><td colspan="2"></td><td></td></tr>
<tr><td rowspan="2">一般项目</td><td>1</td><td>后浇带、施工缝的位置和处理</td><td>第 7.4.2 条</td><td colspan="2"></td><td rowspan="2"></td></tr>
<tr><td>2</td><td>混凝土养护</td><td>第 7.4.3 条</td><td colspan="2"></td></tr>
<tr><td colspan="2" rowspan="2">专业承包施工单位
检查评定结果</td><td>专业工长(施工员)签名</td><td></td><td>施工班组长签名</td><td colspan="2"></td></tr>
<tr><td colspan="5">项目专业质量检查员(签名)：
年　月　日</td></tr>
<tr><td colspan="2">监理(建设)
单位验收结论</td><td colspan="5">专业监理工程师(签名)：
(建设单位项目专业技术负责人签名)：
年　月　日</td></tr>
</table>

评价反馈

独立基础 DJz07 混凝土施工任务评价见表 1-40。

表 1-40　独立基础 DJz07 混凝土施工任务评价

序号	测定项目	评分标准	满分	评价			综合得分
				自评	互评	师评	
1	材料进场验收	完全准确	20				
2	混凝土浇筑、振捣	完全准确	30				
3	混凝土养护	完全准确	20				
4	混凝土施工质量验收	完全准确	30				

相关知识点

1. 混凝土的材料

混凝土的材料主要包括水泥、粗集料、细集料、水和外加剂等。

2. 混凝土的配制强度（$f_{cu,0}$）

当设计强度等级小于 C60 时，混凝土配制强度应按下式计算：

$$f_{cu,0} \geqslant f_{cu,k} + 1.645\sigma$$

式中　$f_{cu,0}$——混凝土配制强度（MPa）；

$f_{cu,k}$——混凝土立方体抗压强度标准值（MPa）；

σ——混凝土强度标准差（MPa）。

混凝土强度标准差宜根据同类混凝土统计资料按下式计算确定：

$$\sigma = \sqrt{\frac{\sum_{i=1}^{n} f_{cu,i}^2 - n f_{cu,m}^2}{n-1}}$$

式中　$f_{cu,i}$——统计周期内同一品种混凝土第 i 组试件的强度值（MPa）；

$f_{cu,m}$——统计周期内同一品种混凝土 n 组试件的强度平均值（MPa）；

n——统计周期内同一品种混凝土试件的总组数，$n \geqslant 25$。

对于强度等级不大于 C30 的混凝土，计算得到的 σ 大于等于 3.0MPa 时，应按计算结果取值；计算得到的 σ 小于 3.0MPa 时，σ 应取 3.0MPa。对于强度等级大于 C30 且小于 C60 的混凝土，计算得到的 σ 不小于 4.0MPa 时，应按计算结果取值；计算得到的 σ 小于 4.0MPa 时，σ 应取 4.0MPa。

对预拌混凝土厂和预制混凝土构件厂，其统计周期可取为一个月；对现场拌制混凝土的施工单位，其统计周期可按实际情况确定，但不宜超过三个月。

施工单位如没有近期的同品种混凝土强度资料时，其混凝土强度标准差 σ 值可按表 1-41 取用。

表 1-41　混凝土强度标准差 σ 值

混凝土强度标准值	≤C20	C25～C45	C50～C55
σ/MPa	4.0	5.0	6.0

3. 混凝土施工配合比

混凝土的配合比是在实验室根据混凝土的配制强度经过试配和调整确定的，称为实验室配合比。实验室配合比所用砂、石都是不含水分的。而施工现场的砂、石都有一定的含水率，且含水率的大小随气温等条件不断变化，如果不考虑现场砂、石的含水率，还按实验室配合比投料，就会改变实际的砂、石用量和用水量，从而造成各种原材料用量的实际比例不符合设计配合比的要求。为保证混凝土的质量，施工中应按砂、石的实际含水率对实验室配合比进行调整。根据施工现场砂、石含水率调整后的配合比称为施工配合比。

假定实验室配合比为水泥：砂：石＝1：x：y，水灰比为 W/C，现场砂、石含水率分别为 W_x、W_y；则混凝土的施工配合比为水泥：砂：石＝1：$x(1+W_x)$：$y(1+W_y)$，水灰比 W/C 不变，但加水量应扣除砂、石中的含水量。

施工配料是确定每拌一次需要用到的各种原材料的用量，它根据施工配合比和搅拌机的出料容量计算。

4. 混凝土的搅拌

混凝土的搅拌是指将各种组成材料拌制成质地均匀、颜色一致、具备一定流动性的混凝土拌合物。如混凝土搅拌得不均匀，就不能获得密实的混凝土，会影响混凝土的质量，所以搅拌是混凝土施工工艺中很重要的一道工序。

混凝土的搅拌分为人工搅拌和机械搅拌两种。由于人工搅拌混凝土质量差，使用水泥多，而且劳动强度大，所以只有在工程量很小时或没有搅拌机时才用人工搅拌。

为了获得质量优良的混凝土拌合物，除了正确选择搅拌机外，还必须正确确定搅拌制度，即投料顺序、搅拌时间和进料容量等。

1）投料顺序。投料顺序应从提高搅拌质量，减少叶片、衬板的磨损，减少拌合物与搅拌筒的黏结，减少水泥飞扬，改善工作条件等方面综合考虑确定。常用投料顺序有：

① 一次投料法。一次投料法是指在上料斗中先装石子，再加水泥和砂，然后一次投入搅拌机；在搅拌筒内先加水或在料斗提升进料的同时加水。这种上料顺序使水泥夹在石子和砂中间，上料时不会发生水泥飞扬，又不会黏住斗底，且水泥和砂先进入搅拌筒形成水泥砂浆，可缩短包裹石子的时间。

② 二次投料法。二次投料法又分为预拌水泥砂浆法和预拌水泥净浆法。其中，预拌水泥砂浆法是先将水泥、砂和水加入搅拌筒内进行充分搅拌，成为均匀的水泥砂浆，再投入石子搅拌成均匀的混凝土。二次投料法与一次投料法相比较，混凝土强度提高约 15%，在强度相同的情况下，可节约水泥 15%～20%。

2）搅拌时间。搅拌时间是影响混凝土质量及搅拌机生产率的重要因素之一。时间过短，拌和不均匀，会降低混凝土的强度及和易性；时间过长，不仅会影响搅拌机的生产率，而且会使混凝土和易性降低或产生分层离析现象。搅拌时间与搅拌机的类型、搅拌筒尺寸、集料的品种和粒径，以及混凝土的坍落度等有关，混凝土搅拌的最短时间（即自全部材料装入搅拌筒中起到卸料止）可按表 1-42 采用。

3）进料容量（干料容量）。进料容量为搅拌前各种材料体积之和。进料容量与搅拌机搅拌筒的几何容量有一定的比例关系，一般情况下两者比值为 0.22～0.4，鼓筒式搅拌机可用较小值。如进料容量超过 10%，就会使材料在搅拌筒内无充分的拌和空间，影响混凝土拌合物的均匀性；如装料过少，则又不能充分发挥搅拌机的效率。进料容量可根据搅拌机的出料容量按混凝土的施工配合比计算。

5. 混凝土的运输

（1）对混凝土拌合物运输的要求

表 1-42　混凝土搅拌的最短时间　（单位：s）

混凝土坍落度/mm	搅拌机机型	搅拌机出料容量/L		
		<250	250~500	>500
≤40	强制式	60	90	120
>40 且<100	强制式	60	60	90
≥100	强制式	60		

注：1. 混凝土搅拌的最短时间是指全部材料装入搅拌筒中算起，到开始卸料时为止的时间。
2. 当掺有外加剂与矿物掺合料时，搅拌时间应适当延长。
3. 采用自落式搅拌机时，搅拌时间宜延长 30s。
4. 当采用其他形式的搅拌设备时，搅拌的最短时间也可按设备说明书的规定或经试验确定。

1）应保持混凝土的均匀性，避免产生分层离析现象，混凝土运至浇筑地点时的坍落度，应符合设计要求。

2）混凝土应以最少的中转次数、最短的时间从搅拌地点运至浇筑地点，要保证混凝土从搅拌机卸出后到浇筑完毕的延续时间不超过规范规定。

3）运输工作应保证混凝土的浇筑工作连续进行。

4）运送混凝土的容器应严密，其内壁应平整光洁、不吸水、不漏浆，黏附的混凝土残渣应及时清除，并应防止运送过程中受到暴晒、雨淋和冻结。

（2）混凝土运输工具选择

混凝土由拌制地点运至浇筑地点的运输工作分为水平运输（地面水平运输和楼面水平运输）和垂直运输两类。

1）水平运输。常用的水平运输设备有手推车、机械翻斗车、混凝土搅拌运输车、自卸汽车等。如运距较远时，可采用自卸汽车或混凝土搅拌运输车；工地范围内的运输多用载重 1t 的小型机械翻斗车，近距离运输也可采用双轮手推车。

2）垂直运输。常用的垂直运输设备有龙门架、井架、塔式起重机、混凝土泵等。使用较多的是塔式起重机、井架，混凝土泵也常有使用。塔式起重机运输的优点是地面运输、垂直运输和楼面运输都可以采用，混凝土在地面由水平运输工具或搅拌机直接卸入吊斗，吊起运至浇筑部位进行浇筑。

泵送混凝土设备有混凝土泵、输送管和布料装置等。

6. 混凝土的浇筑

混凝土浇筑前的准备工作：

1）对钢筋、模板、支架和预埋件进行检查。

2）检查模板的位置、标高、尺寸、强度和刚度是否符合要求，接缝是否严密。

3）检查钢筋的规格、数量、位置、接头和保护层厚度是否正确。

4）清理模板上的垃圾和钢筋上的油污，浇水湿润木模板。

5）水电工程已做好预埋、预留，预埋件的位置和数量应符合图纸要求。

6）填写隐蔽工程记录。

（1）浇筑要求

混凝土浇筑要保证混凝土的均匀性和密实性，要保证结构的整体性、尺寸准确性，预埋件的位置应正确，拆模后混凝土表面要平整、光洁。

浇筑前应检查模板、支架、钢筋和预埋件的位置，并进行验收。混凝土工程属于隐蔽工程，对混凝土用量较大的工程、重要的工程或重点部位的混凝土浇筑，均应随时填写施工记录。

1）防止发生离析。混凝土浇筑时，混凝土拌合物从料斗、漏斗、混凝土输送管、运输车内卸出时，如倾落高度过大，粗集料在重力作用下，克服黏聚力后的下落动能变大，下落速度较砂浆更快，可能导致混凝土离析。为此，混凝土自高处倾落的高度不应超过2m，在竖向结构（如柱、墙等）中限制倾落高度不宜超过3m，否则应使用串筒或溜槽等下料。

2）应分层灌注、分层捣实，并应在前层混凝土凝结前将次层混凝土浇筑完毕，以保证混凝土的密实性和整体性。分层厚度应使混凝土捣固密实，当采用插入式振捣棒时，分层厚度为振捣棒长度的1.25倍；当采用表面振动器时，分层厚度为200mm；当采用人工捣固时，根据钢筋疏密程度不同，分层厚度一般为150～250mm。

3）正确留置施工缝。混凝土结构大多要求整体浇筑，如是技术或组织上的原因，混凝土不能连续浇筑完毕，且停顿时间有可能超过混凝土的初凝时间时，应预先在适当位置留置施工缝。

① 施工缝的位置。施工缝宜留在结构受剪力较小的部位，同时要方便施工。柱子的施工缝，宜留在基础顶面，梁或吊车梁牛腿的下面，吊车梁的上面，无梁楼盖柱帽的下面；和板连成整体的大截面梁的施工缝，应留在板底面以下20～30mm处，当板下有梁托时，留置在梁托下部；单向板的施工缝，应留在平板短边的任何位置；有主次梁的楼盖宜顺着次梁方向浇筑，施工缝应留在次梁跨度的中间1/3长度范围内；墙的施工缝，可留在门洞口过梁跨中1/3范围内，也可留在纵（横）墙的交接处。双向受力的楼板、大体积混凝土结构、拱、薄壳、多层框架等复杂结构，应按设计要求留置施工缝。

② 施工缝的处理。在施工缝处继续浇筑混凝土时，应除掉水泥浮浆和松动的石子，并用水冲洗干净，待已浇筑的混凝土强度不低于1.2MPa时才可继续浇筑新的混凝土。施工时，在结合面应先铺抹一层水泥浆或与混凝土砂浆成分相同的砂浆。在重新浇筑混凝土的过程中，施工缝处应仔细捣实，使新旧混凝土结合牢固。

（2）商品混凝土浇筑

混凝土浇筑申请书上应注明商品混凝土的浇筑部位、坍落度、初凝时间、终凝时间等要求。要求商品混凝土搅拌站随第一罐混凝土带来开盘鉴定等一系列资料。商品混凝土到场后，首先核对混凝土是否为本工程所需，无误后方可浇筑；同时，核对工程名称、浇筑部位及坍落度设计是否与浇筑申请书上一致，若不符合，安排商品混凝土搅拌站及时整改。要求一车一测混凝土坍落度。

7. 混凝土的振捣

混凝土浇筑到模板中后，由于集料之间的摩阻力和水泥浆的黏结作用，混凝土不能自动充满模板，其内部是疏松的，有一定体积的空洞和气泡，不能达到要求的密实度，而混凝土的密实度又直接影响其强度和耐久性。所以，在混凝土浇筑到模板内以后，必须捣实，使其具有设计要求的结构形状、尺寸和强度等级。

混凝土捣实的方法有人工捣实和机械振捣，施工现场主要采用机械振捣。

（1）人工捣实

人工捣实是用人力的冲击（夯或插）使混凝土密实、成型，一般在采用塑性混凝土，而且缺少机械或工程量不大的情况下才采用人工捣实。人工捣实时要注意匀插、全插，因为增加捣实次数比加大捣实力的效果更好。人工捣实时重点要处理好下列部位：主钢筋的下面、钢筋密集处、石子多的地点、模板阴角处、钢筋与侧模板之间。

（2）机械振捣

采用机械振捣时的混凝土振捣机械按传递振动的方式分为内部振动器、表面振动器、外部振动器和振动台。在施工工地主要使用内部振动器和表面振动器。

1）内部振动器。内部振动器又称为插入式振捣棒，多用于振捣现浇基础、柱、梁、墙等结构构件和厚大体积设备基础的混凝土。

2）表面振动器。表面振动器又称为平板振动器，是将一个带偏心块的电动振动器安装在钢板或木板上，振动力通过平板传给混凝土，表面振动器的振动作用深度小，适用于振捣表面积大且厚度小的结构，如现浇楼板、地坪或预制板。表面振动器底板大小的确定，应以使振动器能浮在混凝土表面上为准。

3）外部振动器。外部振动器是将一个带偏心块的电动振动器利用螺栓或钳形夹具固定在构件模板的外侧，不与混凝土接触，振动力通过模板传给混凝土。外部振动器的振动作用深度小，适用于振捣钢筋密集、厚度小以及不宜使用内部振动器的构件，如墙体、薄腹梁等。

4）振动台。振动台是一个支承在弹性支座上的工作台。工作台框架由型钢焊成，台面为钢板。工作台下面装设振动机构，振动机构转动时，即带动工作平台振动，使平台上的构件混凝土被振实。

8. 混凝土的养护

混凝土浇筑后，必须根据水泥品种、气候条件和工期要求加强养护措施。混凝土养护的方法有很多，通常按其养护工艺分为自然养护和人工养护两大类。

（1）自然养护

自然养护又分为浇水养护和喷膜养护，施工现场以浇水养护为主要养护方法。

1）浇水养护。浇水养护是指混凝土终凝后，日平均气温高于 5℃ 的自然气候条件下，用草帘、草袋将混凝土表面覆盖并经常浇水，以保持覆盖物充分湿润。对于楼地面混凝土工程，也可采用蓄水养护的办法加以解决。浇水养护时必须注意以下事项：

① 当环境最高气温低于 25℃ 时，混凝土浇筑完后应在 12h 以内加以覆盖和浇水；最高气温高于 25℃ 时，应在 6h 以内开始养护。

② 在已浇筑的混凝土强度达到 $1.2\mathrm{N/mm^2}$ 以后，方可上人和安装模板及支架等。

③ 混凝土浇水养护日期依据水泥品种确定，采用硅酸盐水泥、普通硅酸盐水泥、矿渣

硅酸盐水泥拌制的混凝土，不得少于 7d；掺用缓凝型外加剂或有抗渗要求的混凝土，不得少于 14d；采用其他品种水泥时，混凝土的养护时间应根据水泥技术性能确定。

④ 养护用水应与拌制用水相同，浇水的次数应以能保持混凝土具有足够的润湿状态为准。

⑤ 在养护过程中，如发现遮盖不好、浇水不足，致使混凝土表面泛白或出现干缩细小裂缝时，应立即仔细加以遮盖，充分浇水，加强养护，并延长浇水养护日期加以补救。

⑥ 平均气温低于 5℃时，不得浇水养护。

2）喷膜养护。喷膜养护是将一定配合比的塑料溶液，用喷洒工具喷洒在混凝土表面，待溶液挥发后，塑料在混凝土表面结成一层薄膜，使混凝土表面与空气隔绝，封闭混凝土中水分的蒸发而完成水泥的水化作用，达到养护的目的。

喷膜养护适用于不易浇水养护的高耸构筑物和大面积混凝土的养护，也可用于表面积大的混凝土施工和缺水地区。

喷膜养护剂的喷洒时间，一般待混凝土收水后，混凝土表面以手指轻按无指印时即可进行，施工温度应在 10℃以上。

（2）人工养护

人工养护是指用人工来控制混凝土的养护温度和湿度，使混凝土强度增长，如蒸汽养护、热水养护、太阳能养护等。人工养护主要用来养护预制构件，现浇构件大多采用自然养护。蒸汽养护是将构件放在充有饱和蒸汽或蒸汽-空气混合物的养护室内，在较高的温度和相对湿度的环境中进行养护，以加快混凝土的硬化。

9. 混凝土质量缺陷

混凝土结构构件在拆模后如发现有缺陷，应查清原因，根据具体情况处理。严重影响结构性能的缺陷，要会同设计和有关部门研究处理。

（1）表面缺陷

1）麻面。麻面是指结构构件表面呈现无数的小凹点，但无露筋现象。这种缺陷是由于模板湿润不够，拼缝不严密发生漏浆，振捣时间不足、漏振导致气泡未完全排出，混凝土过干等原因造成的。

2）露筋。露筋是指钢筋暴露在混凝土外面，产生原因是钢筋紧贴模板，混凝土保护层厚度不够或浇筑时垫块移位。有时也因保护层的混凝土振捣不密实或模板吸水过多造成掉角而露筋。

3）蜂窝。蜂窝是指结构构件中有蜂窝形状的窟窿，集料之间有空隙存在，产生原因主要有混凝土配合比不当产生离析，钢筋过密、石子粒径偏大而卡在钢筋上使混凝土产生间隙，混凝土搅拌不匀、浇筑方法不当、振捣不足或漏振，以及模板拼缝不严而产生严重漏浆等。

4）孔洞。孔洞是指混凝土内部存在空隙，局部部位没有混凝土。这种缺陷主要是由于混凝土浇筑方法不当，钢筋布置太密或一次下料过多，下部无法振捣等原因造成的。混凝土受冻也可能产生孔洞。

5）裂缝。裂缝分为表面裂缝和深度裂缝，后者一般为结构裂缝，应高度重视。裂缝产生的原因有结构设计承载能力不够，施工荷载过大、太集中，施工缝设置不当，或大面积混凝土施工时气温发生突变等。

（2）内部缺陷

混凝土内部缺陷主要有混凝土强度不足，保护性能不良。前者产生的原因是多方面的，如配合比设计不当，水灰比控制不严，含砂率过高，搅拌不均，养护不及时等；后者产生的原因主要是混凝土保护层严重不足，钢筋外露发生锈蚀，铁锈膨胀引起混凝土开裂等。另外，过量使用氯盐外加剂会造成钢筋锈蚀，严重的可使混凝土脱落而露筋。

学习情境 2　钢筋混凝土框架柱施工

学习情境描述

某现代农业园区办公楼工程，为企业内部行政办公用房，属多层建筑，总建筑面积 4201.32m^2，建筑占地面积 1053.84m^2，建筑高度 17.40m，地上四层，一层层高 3.9m，二层、三层层高 3.6m，顶层层高 3.9m。建筑结构形式采用钢筋混凝土框架结构，基础形式采用钢筋混凝土独立基础，抗震设防烈度为 7 度，建筑设计使用年限为 50 年，建筑抗震设防类别为丙级。

现要求施工技术人员按照办公楼施工图纸和规范要求完成办公楼钢筋混凝土框架柱的施工及质量验收。

任务一　框架柱施工图识读

任务描述

施工技术人员拿到办公楼项目的建筑施工图纸、结构施工图纸。现要求施工技术人员完成钢筋混凝土框架柱的施工任务，其中一个框架柱 KZ-10 的施工图如图 2-1 所示，请首先完成该框架柱施工图的识读。

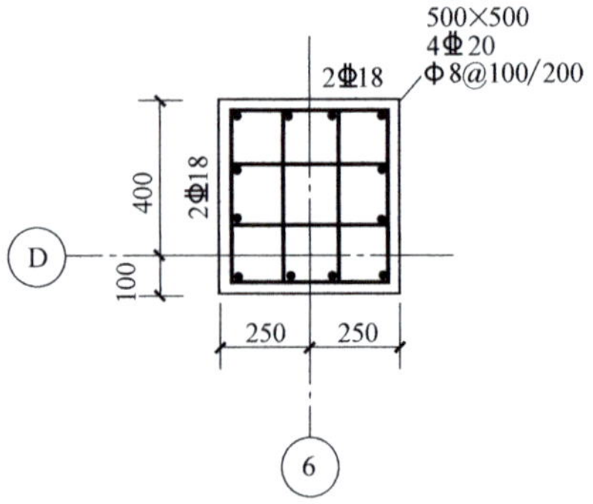

图 2-1　框架柱 KZ-10 施工图

学习目标

通过本任务的学习，学生应达到以下目标：

1. 正确识读框架柱的类型。
2. 正确识读框架柱的尺寸及相对位置。
3. 正确识读框架柱的配筋。

任务单

框架柱 KZ-10 施工图识读任务单见表 2-1。

表 2-1　框架柱 KZ-10 施工图识读任务单

专业班组		班长		日期	
识图任务：框架柱 KZ-10 识读					
检查意见：					
签章：					

任务分组

框架柱 KZ-10 施工图识读学生任务分配见表 2-2。

表 2-2　框架柱 KZ-10 施工图识读学生任务分配

班级		组号		指导教师	
组长		学号			
组员	学号	姓名	任务分工		

获取信息

引导问题 1：现浇钢筋混凝土结构中，柱的类型主要有哪些？

____

____

____

____

引导问题 2：框架柱的编号如何表示？

框架柱的代号为______；转换柱的代号为______；芯柱的代号为______；梁上柱的代号为______；剪力墙上柱的代号为______。

引导问题 3：矩形框架柱的截面尺寸与轴线关系如何表示？请将 b_1、b_2 和 h_1、h_2 准确标注在图 2-2 上。

当截面的某一边收缩变化至与轴线重合或偏到轴线的另一侧时，b_1、b_2、h_1、h_2 中的某项值为______或为________。

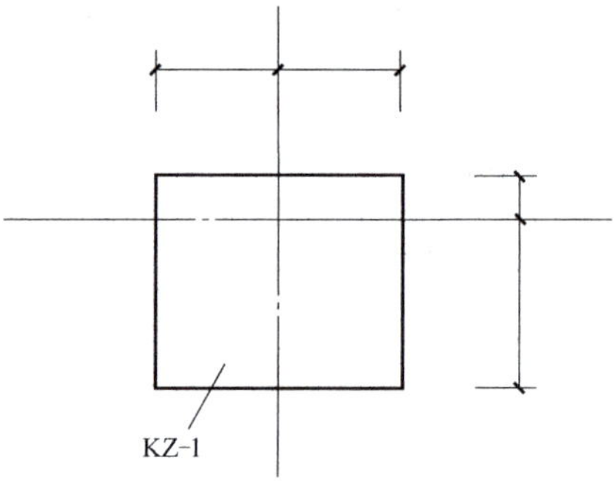

图 2-2 矩形框架柱截面尺寸

引导问题 4：柱纵筋如何表示？

当柱纵筋只采用一种直径且能够图示清楚时，在柱截面配筋图上，继截面尺寸 $b \times h$ 后，注写______纵筋。

当柱纵筋采用两种直径时，需注写截面各边______纵筋的具体数值（对于采用对称配筋的矩形截面柱，可仅在____注写，______省略不注）。

请按照表 2-3 的信息，在图 2-3 上准确标注角筋、中部筋。

表 2-3 图 2-3 矩形框架柱配筋

柱号	全部纵筋	角筋	b 边一侧中部筋	h 边一侧中部筋
KZ-3	24 ⌀ 25	—	—	—
KZ-5	—	4 ⌀ 22	5 ⌀ 22	4 ⌀ 20

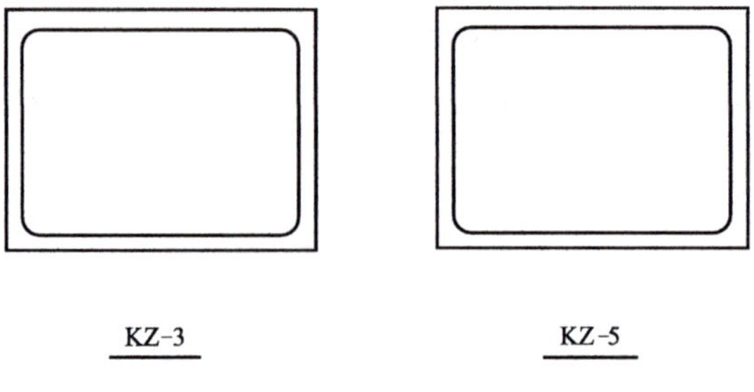

图 2-3 矩形框架柱纵向配筋

引导问题 5：框架柱箍筋如何表示？

注写柱箍筋，包括________、______与______。用“/”区分柱端____________与柱身________长度范围内箍筋的不同间距。

“3×4”，表示沿 X 向的箍筋肢数为______肢，沿 Y 向的箍筋肢数为______肢。

引导问题 6：柱平法施工图如何表示？

柱平法施工图有____________和____________两种注写方式。

当设计图纸中没有注明框架柱的嵌固部位时，则可以理解为框架柱的嵌固部位在______________________面。

在列表注写方式中，柱表中包含的内容有____。表中嵌固部位的标高下面使用________注明。芯柱的定位随________柱，在柱表中可以查到芯柱的______和______的配筋信息。

在截面注写方式中，如柱的分段截面尺寸和配筋均______，仅截面与轴线的关系______时，可将其编为同一个柱号。

工作计划

按照收集资料和决策的过程，制订框架柱 KZ-10 施工图识读方案，见表 2-4。

表 2-4　框架柱 KZ-10 施工图识读方案

序号	工作内容	负责人
1		
2		
3		
4		
5		
6		

进行决策

讨论平面整体表示方法制图规则，决定框架柱 KZ-10 的几何尺寸、配筋情况、嵌固部位、箍筋类型等。

工作实施

识读图 2-1，完成表 2-5 的填写。

表 2-5　框架柱 KZ-10 图纸交底

图纸名称	内容	识图信息
框架柱 KZ-10 施工图	柱类型	
	柱编号	
	截面尺寸及与轴线的关系	
	角筋	
	中部筋	
	箍筋及分离图	

评价反馈

框架柱 KZ-10 施工图识读任务评价见表 2-6。

表 2-6　框架柱 KZ-10 施工图识读任务评价

序号	测定项目	评分标准	满分	评价			综合得分
				自评	互评	师评	
1	柱类型	完全准确	10				
2	柱编号	完全准确	10				
3	截面尺寸及与轴线的关系	完全准确	15				
4	角筋	完全准确	25				
5	中部筋	完全准确	15				
6	箍筋及分离图	完全准确	25				

相关知识点

1. 柱类型

1）框架柱（KZ）：在结构中承受梁、板荷载，并将荷载传给基础的竖向支撑构件。

2）转换柱（ZHZ）：当上部的部分竖向构件不能直接连续贯通落地时，通过水平转换结构与下部竖向构件连接，支撑转换梁的柱子即为转换柱。

3）芯柱（XZ）：在框架柱截面中三分之一左右的核心部位配置的附加纵向钢筋及箍筋，形成一种内部加强区域。

2. 截面注写方式（常用方式）

截面注写方式是指在分标准层绘制的柱平面布置图上，对所有的柱子进行编号，分别在同一编号的柱中选择一个截面，并将此截面在原位放大，在上面直接注写截面尺寸和配筋的具体数值。采用截面注写方式时应注写以下内容：

1）柱编号。当柱的总高、分段截面尺寸和配筋情况均相同，仅截面偏心距不同时，可编为一个号。

2）截面尺寸，用 $b \times h$ 表示。

3）角筋。角筋注写区分以下情况：

① 纵筋直径只有1种时，全部纵筋注写在集中标注中；钢筋位置在断面图中按照实际布置画出；*b* 边和 *h* 边不再用文字标注，如图2-4所示。

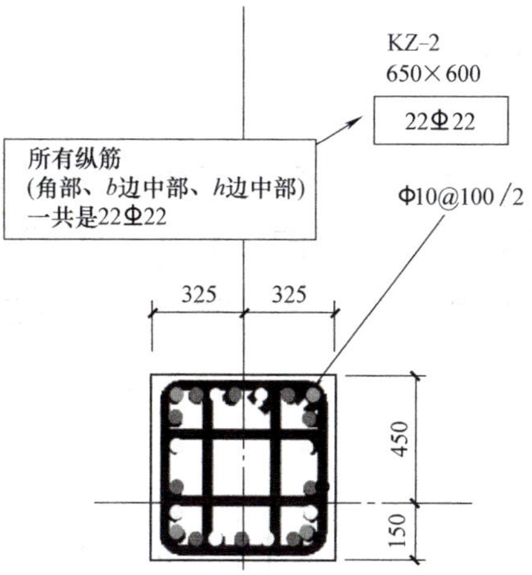

图2-4　纵筋直径只有一种时

② 纵筋直径多于1种时，集中标注应注写角部钢筋；同时，在断面图上标注 *b* 边中部纵筋和 *h* 边中部钢筋，如图2-5所示。

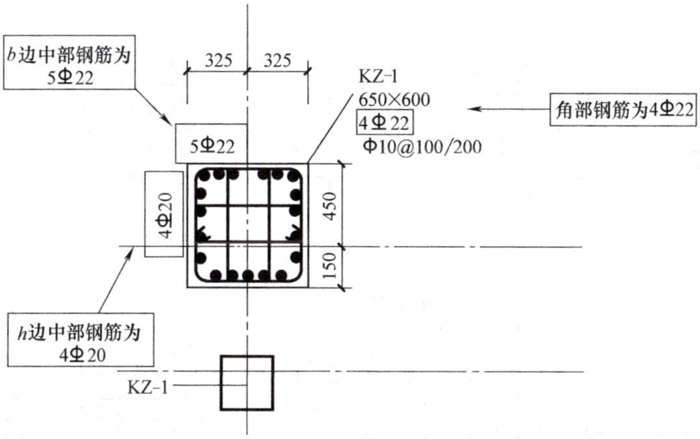

图2-5　纵筋直径多于1种时

4）箍筋。当箍筋沿柱高有两种间距时，使用“/”线隔开。

5）柱定位尺寸。注写柱截面及与轴线关系的具体尺寸。

3. 框架柱上部结构嵌固部位的注写

1）嵌固部位在基础顶面时，无须注写。

2）框梁柱嵌固部位不在基础顶面时，在层高表的嵌固部位标高下面使用双细线注明，并在层高表下注明上部结构嵌固部位的标高。

3）框架柱嵌固部位不在地下室顶板，但仍需考虑地下室顶板对上部结构实际存在嵌固作用时，可在层高表的地下室顶板标高下使用双虚线注明，此时首层柱端箍筋加密区长度范围及纵筋的连接位置均按嵌固部位要求设置。

4. 框架柱箍筋构造

（1）箍筋复合方式

箍筋复合方式如图 2-6 所示。

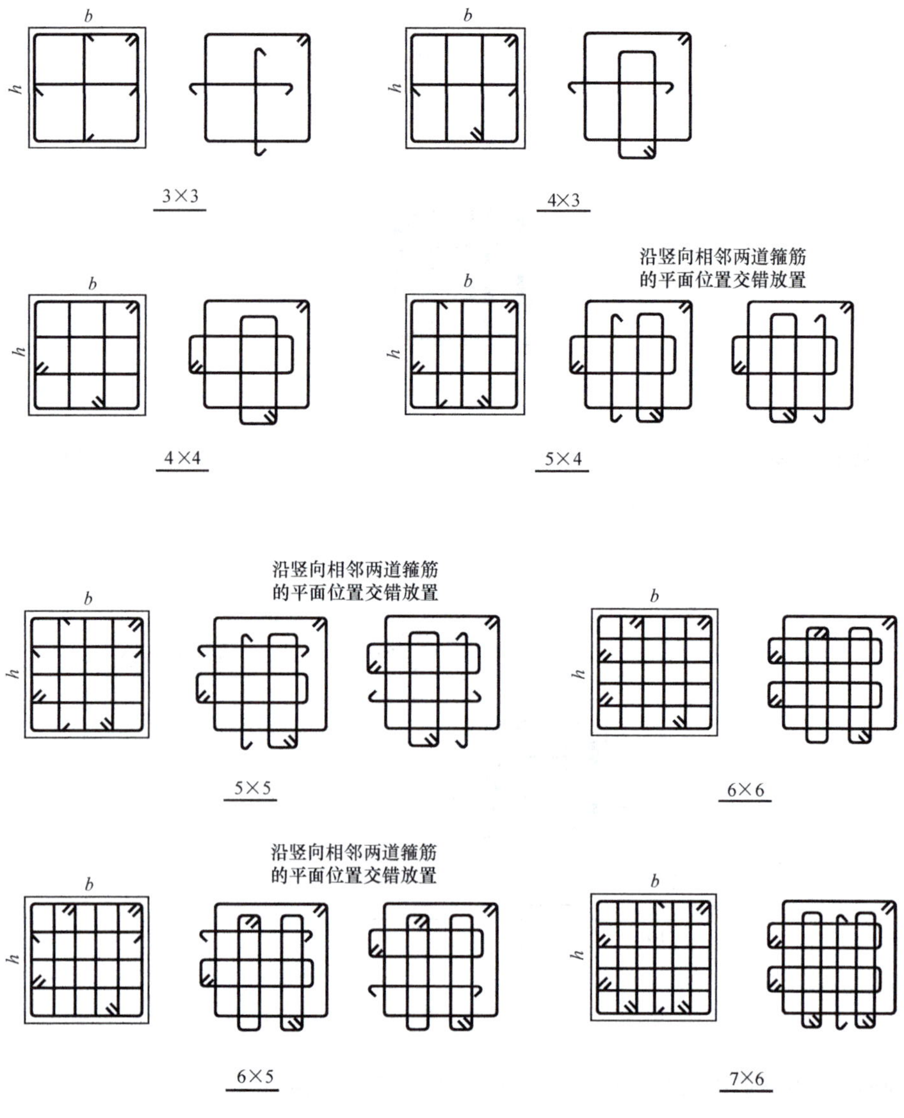

图 2-6　箍筋复合方式

（2）箍筋加密

框架柱 KZ 根部箍筋加密区（图 2-7）的长度：

1）如果基础顶面为嵌固部位，则为 $H_n/3$。H_n 为柱子净高。

2）如果基础顶面不是嵌固部位（有地下室的情况），或是其他部位，则取柱长边尺寸 h_c、500mm、柱子净高的六分之一（$H_n/6$）中的最大值。

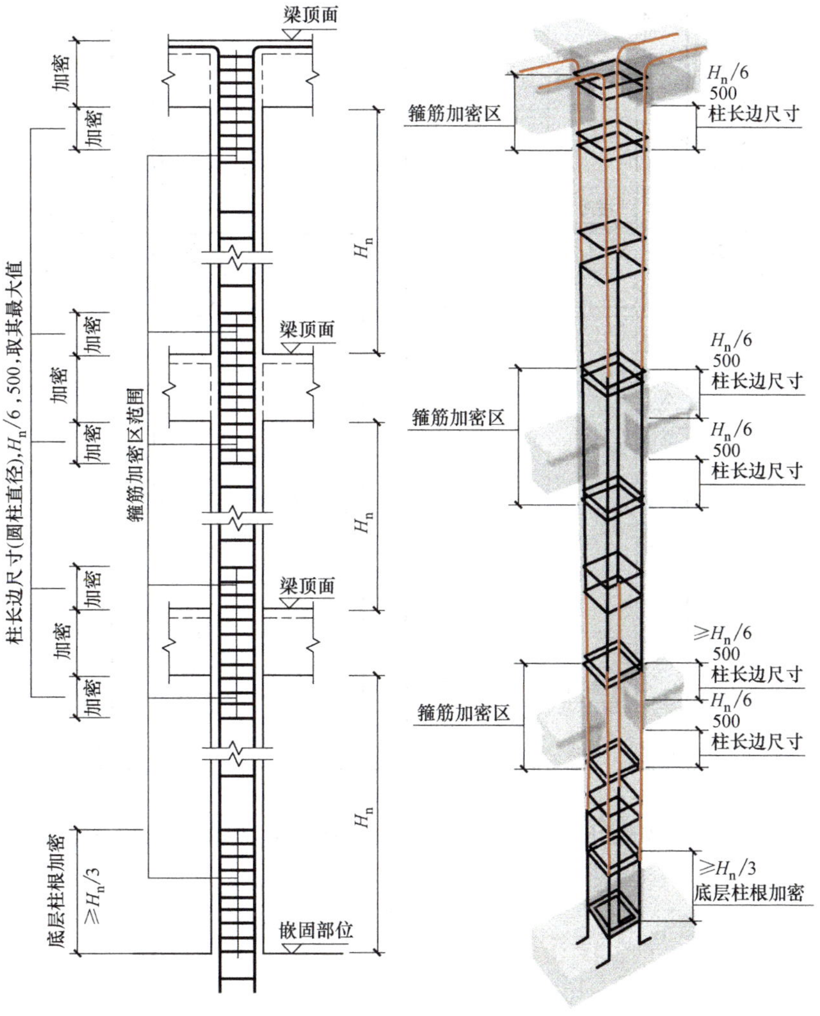

图 2-7　框架柱 KZ 根部箍筋加密区

5. 框架柱纵筋连接构造

框架柱纵筋有三种连接方式可选：绑扎连接、机械连接、焊接连接，如图 2-8 所示。轴心受拉或小偏心受拉的柱纵筋不得采用绑扎搭接接头。相邻纵筋的接头应相互错开，在同一截面内的钢筋接头百分率不宜大于 50%。接头应设在节点区，并宜避开箍筋加密范围。

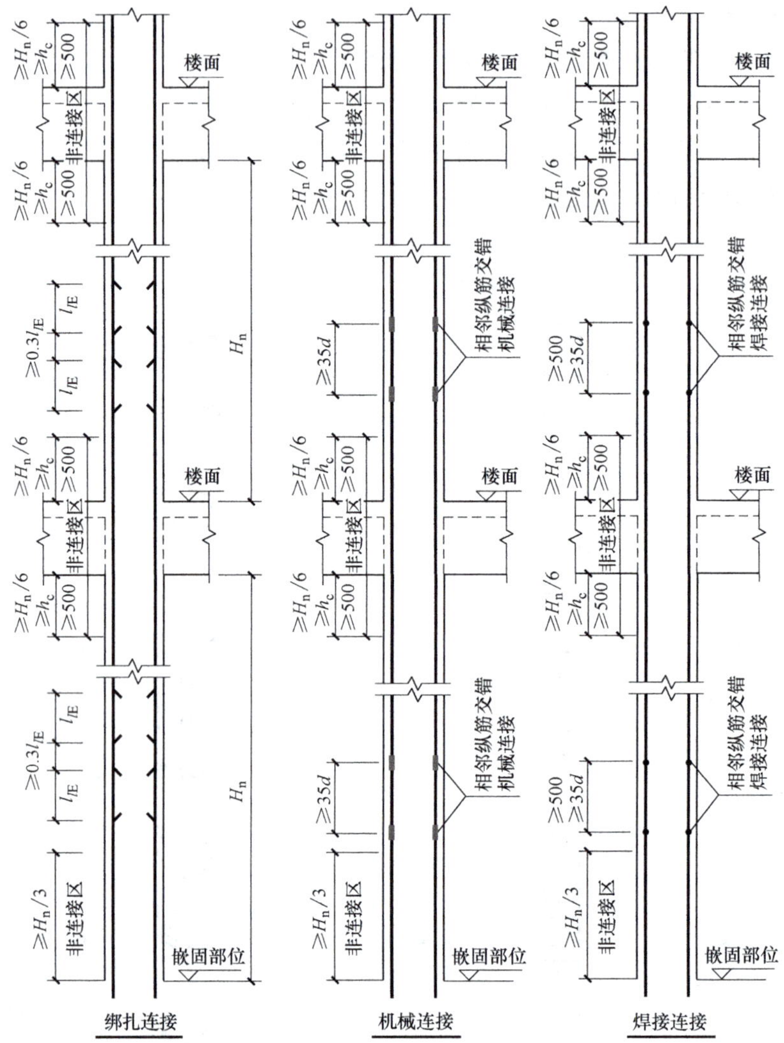

图 2-8 框架柱纵筋的连接方式

注：图中 h_c 为柱截面长边尺寸，H_n 为所在楼层的柱子净高，l_{lE} 为纵向受拉钢筋抗震搭接长度。

任务二 框架柱钢筋施工

任务描述

框架柱 KZ-10 施工图如图 2-1 所示，请完成该框架柱钢筋工程施工。

学习目标

通过本任务的学习，学生应达到以下目标：

1. 能进行框架柱钢筋配料计算。
2. 掌握框架柱钢筋加工的内容和方法。
3. 掌握框架柱钢筋的绑扎施工过程。
4. 能进行框架柱钢筋施工的质量验收。

任务单

框架柱 KZ-10 钢筋施工任务单见表 2-7。

表 2-7　框架柱 KZ-10 钢筋施工任务单

专业班组		班长		日期	
施工任务：框架柱 KZ-10 钢筋工程施工					
检查意见：					
签章：					

任务分组

框架柱 KZ-10 钢筋施工学生任务分配见表 2-8。

表 2-8　框架柱 KZ-10 钢筋施工学生任务分配

班级		组号		指导教师	
组长		学号			
组员	学号	姓名	任务分工		

获取信息

引导问题 1： 钢筋进场质量检验通常包括外观检查和力学性能检验。

钢筋的外观检查：钢筋的表面不得有______________________；钢筋表面的凸块不得超过螺纹的______。

力学性能检验：______________________________________。

引导问题 2： 根据《施工验收规范》第 5.2.3 条的规定，对按一级、二级、三级抗震等级设计的框架和斜撑构件（含梯段）中的纵向受力普通钢筋，应采用 HRB335E、HRB400E、HRB500E、HRBF335E、HRBF400E 或 HRBF500E 钢筋，其______________和______________应符合下列规定：

1）____。

2）____。

3）____。

检查数量：按________________和________________________确定。

检验方法：检查________________________。

引导问题 3：钢筋加工前应将表面________。表面有颗粒状、______或有损伤的钢筋不得使用。

引导问题 4：钢筋加工宜在________状态下进行，加工过程中不应对钢筋进行加热。钢筋应________弯折到位。

引导问题 5：钢筋接头宜设置在受力______处；有抗震设防要求的结构中，梁端、柱端箍筋________范围内不宜设置钢筋接头，且不应进行钢筋搭接。同一纵向受力钢筋不宜设置________以上接头。接头末端至钢筋弯起点的距离，不应小于钢筋直径的____倍。

引导问题 6：机械连接接头的混凝土保护层厚度宜符合现行国家标准《混凝土结构设计规范》（GB 50010—2010）中受力钢筋的混凝土保护层最小厚度规定，且不得____于 15mm。接头之间的横向净间距不宜小于______mm。

引导问题 7：电渣压力焊只应使用于____、____等构件中竖向受力钢筋的连接。

引导问题 8：当纵向受力钢筋采用机械连接接头或焊接接头时，接头的设置应符合下列规定：

1）同一构件内的接头宜__________。

2）接头连接区段的长度为 $35d$，且不应小于______mm，凡接头中点位于该连接区段长度内的接头均应属于同一连接区段；其中 d 为相互连接两根钢筋中较小直径。

引导问题 9：在梁、柱类构件的纵向受力钢筋搭接长度范围内应按设计要求配置箍筋，并应符合下列规定：

1）箍筋直径不应小于搭接钢筋较大直径的______%。

2）受拉搭接区段的箍筋间距不应大于搭接钢筋较小直径的____倍，且不应大于 100mm。

3）受压搭接区段的箍筋间距不应大于搭接钢筋较小直径的____倍，且不应大于 200mm。

4）柱中纵向受力钢筋直径大于 25mm 时，应在搭接接头两个端面外 100mm 范围内各设置两个箍筋，其间距宜为______mm。

引导问题 10：钢筋安装应采用定位件固定钢筋的位置，并宜采用______定位件。定位件应具有足够的________、刚度、________和耐久性。定位件的数量、间距和固定方式，应能保证钢筋的位置偏差符合国家现行有关标准的规定。混凝土框架梁、柱保护层内，不宜采用______定位件。

引导问题 11：采用复合箍筋时，箍筋外围应______。梁类构件复合箍筋内部，宜选用封闭箍筋，奇数肢也可采用____箍筋；柱类构件复合箍筋内部可____采用单肢箍筋。

引导问题 12：钢筋安装应采取防止钢筋受____、模具内表面的______污染的措施。

工作计划

按照收集资料和决策的过程，制订框架柱 KZ-10 钢筋工程施工方案，见表 2-9。

表 2-9　框架柱 KZ-10 钢筋工程施工方案

序号	工作内容	负责人
1		
2		
3		
4		
5		
6		

进行决策

讨论框架柱 KZ-10 钢筋工程的施工过程和施工要点，决定框架柱 KZ-10 钢筋施工隐蔽工程验收和技术交底的内容等，完成表 2-10 和表 2-11 的填写。

表 2-10　框架柱 KZ-10 钢筋施工隐蔽工程验收记录

<table>
<tr><td>工程名称</td><td colspan="3"></td><td>编号</td><td></td></tr>
<tr><td>隐检项目</td><td colspan="3"></td><td>隐检日期</td><td></td></tr>
<tr><td>隐检部位</td><td colspan="5"></td></tr>
<tr><td>隐检依据</td><td colspan="5"></td></tr>
<tr><td>隐检内容</td><td colspan="5"></td></tr>
<tr><td>检查结论</td><td colspan="5">结论：
□同意隐蔽　　□不同意隐蔽,改正后复查</td></tr>
<tr><td>复检结论</td><td colspan="5">结论：
复查人：　　复查日期：</td></tr>
<tr><td rowspan="3">签字栏</td><td rowspan="2">施工单位</td><td rowspan="2"></td><td>专业技术负责人</td><td>专业质检员</td><td>专业工长</td></tr>
<tr><td></td><td></td><td></td></tr>
<tr><td>监理（建设）单位</td><td colspan="2"></td><td>专业工程师</td><td></td></tr>
</table>

表 2-11 框架柱 KZ-10 钢筋施工技术交底记录

工程名称			施工单位		
编　　号			交底日期		
交底部位			工序名称		
交底提要					
交底内容	一、材料要求 二、主要机具 三、作业条件 四、工艺流程 五、操作要点				
项目(专业)技术负责人		交底人		接受交底人	

工作实施

1. 框架柱钢筋进场验收

引导问题 13：钢筋的进场检验，应按照《钢筋混凝土用钢 第 1 部分：热轧光圆钢筋》(GB/T 1499.1—2017)、《钢筋混凝土用钢 第 2 部分：热轧带肋钢筋》（GB/T 1499.2—2018）规定的__________、__________和__________进行检验，检验结果应符合上述标准的规定，完成表 2-12 的填写。

表 2-12 框架柱 KZ-10 钢筋施工钢筋进场验收记录

工程名称：　　　　施工单位：　　　　检查时间：

序号	规格、型号	进场数量	生产厂家	合格证编号	使用部位	外观质量					进场日期	取样日期	复试报告编号	复试结果	是否同意使用
						锈蚀	裂纹	油污	平直	损伤					
验收结论															

质量员：　　　　材料员：　　　　项目技术负责人：　　　　监理单位检查人：

2. 框架柱钢筋配料计算

引导问题 14：根据框架柱 KZ-10 的配筋构造特征，钢筋的下料长度如下：

框架柱纵向钢筋（中间层）的下料长度 = 层高

框架柱（中间层）箍筋下料长度 = 箍筋周长 + 箍筋调整值

框架柱（中间层）箍筋的数量（长度）分加密区和非加密区两段计算：

1）加密区的长度由三部分组成：梁底以下部分、梁中部分和梁顶以上部分。

① 梁底以下部分的加密区长度取________、________、________三者中的最大值。

② 梁中部分指的是________。

③ 梁顶以上部分的加密区长度取________、________、________三者中的最大值。

注意，计算梁底和梁顶取值时，柱净高指的是不同的楼层。

2）非加密区长度：________________________________，其计算式如下：

框架柱（中间层）箍筋数量（长度）=（加密区长度/加密区间距）+1+（非加密区长度/非加密区间距）+1

框架柱 KZ-10 钢筋下料长度计算步骤：

纵向钢筋下料长度 = ________________________________

箍筋下料长度 = ________________________________

箍筋加密区根数 = ________________________________

箍筋非加密区根数 = ________________________________

框架柱 KZ-10 钢筋施工钢筋配料单见表 2-13。

表 2-13　框架柱 KZ-10 钢筋施工钢筋配料单

构件名称	钢筋编号	简图	钢筋牌号	钢筋直径	钢筋下料长度/mm	单位根数	合计根数	质量/kg	备注

3. 框架柱钢筋加工操作

引导问题 15：框架柱 KZ-10 的所有配筋需要进行哪些加工？需要用到哪些设备、工具？请完成表 2-14 的填写。

____

____

____

4. 框架柱钢筋安装施工

引导问题 16：框架柱 KZ-10 钢筋绑扎的工艺流程为：套柱箍筋→焊接（机械连接）纵向钢筋→画箍筋间距线→绑扎箍筋。

表 2-14　框架柱 KZ-10 钢筋加工工程检验批质量验收记录

<table>
<tr><td colspan="4">单位(子单位)工程名称</td><td colspan="3"></td></tr>
<tr><td colspan="4">分部(子分部)工程名称</td><td colspan="3"></td></tr>
<tr><td colspan="4">验收部位</td><td colspan="3"></td></tr>
<tr><td colspan="4">总承包施工单位</td><td></td><td>项目负责人</td><td></td></tr>
<tr><td colspan="4">专业承包施工单位</td><td></td><td>项目负责人</td><td></td></tr>
<tr><td colspan="4">施工执行的标准名称及编号</td><td colspan="3"></td></tr>
<tr><td colspan="5">施工质量验收规范的规定</td><td>施工单位检查评定记录</td><td>监理(建设)单位验收记录</td></tr>
<tr><td rowspan="4">主控项目</td><td>1</td><td colspan="2">钢筋弯折的弯弧内直径</td><td>第 5.3.1 条</td><td></td><td rowspan="4"></td></tr>
<tr><td>2</td><td colspan="2">纵向受力钢筋弯折要求</td><td>第 5.3.2 条</td><td></td></tr>
<tr><td>3</td><td colspan="2">箍筋、拉筋的末端弯钩要求</td><td>第 5.3.3 条</td><td></td></tr>
<tr><td>4</td><td colspan="2">盘卷钢筋调直应进行力学性能和重量偏差检验</td><td>第 5.3.4 条</td><td></td></tr>
<tr><td rowspan="3">一般项目</td><td rowspan="3">1</td><td rowspan="3">钢筋加工允许偏差</td><td>受力钢筋沿长度方向的净尺寸</td><td>±10mm</td><td></td><td></td></tr>
<tr><td>弯起钢筋的弯折位置</td><td>±20mm</td><td></td><td></td></tr>
<tr><td>箍筋外廓尺寸</td><td>±5mm</td><td></td><td></td></tr>
<tr><td colspan="4" rowspan="2">施工单位检查评定结果</td><td>专业工长(施工员)签名</td><td>施工班组长签名</td><td></td></tr>
<tr><td colspan="3">项目专业质量检查员(签名)：

年　月　日</td></tr>
<tr><td colspan="4">监理(建设)单位验收结论</td><td colspan="3">专业监理工程师(签名)：
(建设单位项目专业技术负责人签名)：

年　月　日</td></tr>
</table>

1）套柱箍筋。按图纸计算好箍筋数量，先将______套在伸出楼面板的________，然后支立柱纵向钢筋。

2）连接柱纵向钢筋时，采用焊接（机械连接）在__________区域进行连接，接头间距应满足____________________________。

3）绑扎箍筋时，在立好的柱纵向钢筋上，按图纸要求画好_______________，然后将箍筋向上移动，由上而下采用缠扣绑扎；箍筋与______要垂直，箍筋转角处与______均要绑扎；箍筋弯钩折叠处应沿柱纵向钢筋______布置，并绑扎牢固。

请完成框架柱 KZ-10 钢筋安装工程检验批质量验收记录表（表 2-15）的填写。

表 2-15 框架柱 KZ-10 钢筋安装工程检验批质量验收记录

<table>
<tr><td colspan="5">单位(子单位)工程名称</td><td colspan="10"></td></tr>
<tr><td colspan="5">分部(子分部)工程名称</td><td colspan="6"></td><td colspan="3">验收部位</td><td></td></tr>
<tr><td colspan="4">施工单位</td><td colspan="7"></td><td colspan="3">项目经理</td><td></td></tr>
<tr><td colspan="5">施工执行标准名称及编号</td><td colspan="10"></td></tr>
<tr><td colspan="6">施工质量验收规范的规定</td><td colspan="8">施工单位检查评定记录</td><td>监理(建设)单位验收记录</td></tr>
<tr><td rowspan="2">主控项目</td><td>1</td><td colspan="3">受力钢筋的品种、级别、规格和数量</td><td>第 5.5.1 条</td><td colspan="8"></td><td rowspan="16"></td></tr>
<tr><td>2</td><td colspan="3">受力钢筋的安装位置、锚固方式</td><td>第 5.5.2 条</td><td colspan="8"></td></tr>
<tr><td rowspan="14">一般项目</td><td rowspan="14">3</td><td rowspan="14">钢筋安装允许偏差</td><td rowspan="2">绑扎钢筋网</td><td>长、宽/mm</td><td>±10</td><td></td><td></td><td></td><td></td><td></td><td></td><td></td><td></td></tr>
<tr><td>网眼尺寸/mm</td><td>±20</td><td></td><td></td><td></td><td></td><td></td><td></td><td></td><td></td></tr>
<tr><td rowspan="2">绑扎钢筋骨架</td><td>长/mm</td><td>±10</td><td></td><td></td><td></td><td></td><td></td><td></td><td></td><td></td></tr>
<tr><td>宽、高/mm</td><td>±5</td><td></td><td></td><td></td><td></td><td></td><td></td><td></td><td></td></tr>
<tr><td rowspan="3">纵向受力钢筋</td><td>锚固长度/mm</td><td>−20</td><td></td><td></td><td></td><td></td><td></td><td></td><td></td><td></td></tr>
<tr><td>间距/mm</td><td>±10</td><td></td><td></td><td></td><td></td><td></td><td></td><td></td><td></td></tr>
<tr><td>排距/mm</td><td>±5</td><td></td><td></td><td></td><td></td><td></td><td></td><td></td><td></td></tr>
<tr><td rowspan="3">纵向受力钢筋、箍筋的混凝土保护层厚度/mm</td><td>基础</td><td>±10</td><td></td><td></td><td></td><td></td><td></td><td></td><td></td><td></td></tr>
<tr><td>柱、梁</td><td>±5</td><td></td><td></td><td></td><td></td><td></td><td></td><td></td><td></td></tr>
<tr><td>板、墙、壳</td><td>±3</td><td></td><td></td><td></td><td></td><td></td><td></td><td></td><td></td></tr>
<tr><td colspan="2">绑扎箍筋、横向钢筋间距/mm</td><td>±20</td><td></td><td></td><td></td><td></td><td></td><td></td><td></td><td></td></tr>
<tr><td colspan="2">钢筋弯起点位置/mm</td><td>20</td><td></td><td></td><td></td><td></td><td></td><td></td><td></td><td></td></tr>
<tr><td rowspan="2">预埋件</td><td>中心线位置/mm</td><td>5</td><td></td><td></td><td></td><td></td><td></td><td></td><td></td><td></td></tr>
<tr><td>水平高差/mm</td><td>+3,0</td><td></td><td></td><td></td><td></td><td></td><td></td><td></td><td></td></tr>
<tr><td colspan="4" rowspan="2">施工单位检查评定结果</td><td>专业工长
(施工员)</td><td colspan="6"></td><td colspan="3">施工班组长</td><td></td></tr>
<tr><td colspan="11">项目专业质量检验员：
年 月 日</td></tr>
<tr><td colspan="4">监理(建设)单位验收结论</td><td colspan="11">专业监理工程师：
(建设单位项目专业技术负责人)：
年 月 日</td></tr>
</table>

评价反馈

框架柱 KZ-10 钢筋施工任务评价见表 2-16。

表 2-16　框架柱 KZ-10 钢筋施工任务评价

序号	测定项目	评分标准	满分	评价			综合得分
				自评	互评	师评	
1	钢筋进场验收	完全准确	20				
2	钢筋配料计算	完全准确	30				
3	钢筋加工操作	完全准确	20				
4	钢筋安装施工	完全准确	30				

相关知识点

1. 框架柱钢筋进场验收

钢筋进场质量检验通常包括外观检查和力学性能检验。检查数量和检验方法应该严格按照规范的要求进行。钢筋的进场检验应做好检验记录，检验记录要在相关人员签字认可后妥善保存。

2. 框架柱钢筋配料

钢筋进入施工现场后，就可以进行加工准备工作，由于构件的类型、尺寸和配筋方式的不同，所需钢筋的形状、尺寸和数量也不同。所以，在钢筋加工前，根据构件的结构施工图、施工工艺和计算规则等，准确计算所需加工钢筋的形状、尺寸、数量，避免加工时出现偏差而影响后续的施工或造成材料的浪费，这一项工作称为钢筋配料。

3. 框架柱钢筋加工

钢筋加工一般集中在车间采用流水作业方法进行，然后运至工地进行安装和绑扎。钢筋加工顺序为：钢筋调直→钢筋除锈→钢筋下料剪切→钢筋弯曲→钢筋连接。

4. 框架柱钢筋连接

在工程上，部分直径较小的钢筋采用盘卷供货，其余的均采用直条供应。直条钢筋受生产、运输和加工条件限制，供货长度一般为 6~9m，但实际构件中所需要的钢筋常会超过供货长度，这时候就需要接长钢筋。在钢筋下料时，为了节约钢材、合理利用下料后剩余的钢筋，也需要将钢筋进行接长后继续使用。因此，钢筋连接是钢筋加工过程中非常重要的一道工序。

钢筋连接有三种方法：焊接连接、机械连接、绑扎连接。

5. 框架柱钢筋安装

为使安装准确、高效，现场安装钢筋前应先做好准备工作：

1）核对成品钢筋的牌号、直径、形状、尺寸和数量等是否与料单、料牌相符。如有错漏，应纠正、增补。

2）准备绑扎用的钢丝、绑扎工具（如钢筋钩、带扳口的小撬棍）、绑扎架、水泥砂浆垫块或塑料卡等。

3）画出钢筋位置线，对于平板或墙板的钢筋，在模板上画线；对于柱的箍筋，在两根对角线的主筋上画点；对于梁的箍筋，则在架立筋上画点；对于基础的钢筋，在两向各取一根钢筋画点或在垫层上画线。

4）绑扎复杂结构的钢筋时，应先研究逐根钢筋穿插就位的顺序，并与模板工讨论支模板和绑扎钢筋的先后顺序，以减少施工困难。

任务三　框架柱模板施工

任务描述

框架柱 KZ-10 施工图如图 2-1 所示，请完成该框架柱模板施工。

学习目标

通过本任务的学习，学生应达到以下目标：

1. 掌握框架柱模板安装施工过程。
2. 掌握框架柱模板拆除施工过程。
3. 能进行框架柱模板施工的质量验收。

任务单

框架柱 KZ-10 模板施工任务单见表 2-17。

表 2-17　框架柱 KZ-10 模板施工任务单

专业班组		班长		日期	
施工任务：框架柱 KZ-10 模板工程施工					
检查意见：					
签章：					

任务分组

框架柱 KZ-10 模板施工学生任务分配见表 2-18。

表 2-18　框架柱 KZ-10 模板施工学生任务分配

班级		组号		指导教师	
组长		学号			
组员	学号	姓名	任务分工		

获取信息

引导问题 1：框架柱模板及支架应根据施工过程中的各种工况进行设计，应具有足够的__________和__________，并应保证其____________。

引导问题 2：框架柱模板面板背楞的____________宜统一。框架柱模板在制作与安装时，面板拼缝应________。有防水要求的墙体，其模板__________中部应设止水片，止水片应与__________环形焊接。

引导问题 3：支架立柱和竖向模板安装在土层上时，应符合下列规定：

1）应设置具有足够强度和支撑面积的__________。

2）土层应坚实，并应有________措施；对__________、__________，应有防水措施；对__________，应有防冻胀措施。

3）对软土地基，必要时可采用________的方法调整模板面板的安装高度。

引导问题 4：安装框架柱模板时，应进行________，并应采取保证框架柱模板位置准确的定位措施。对竖向构件的模板及支架，应根据混凝土一次浇筑______和浇筑______，采取竖向模板________、抗浮和________措施。对可能承受__________的框架柱模板，应采取防风措施。

引导问题 5：框架柱模板安装应保证混凝土结构构件各部分______、______和相对位置准确，并应防止______。

引导问题 6：框架柱模板安装应与______安装配合进行，__________的框架柱模板宜在钢筋安装后安装。

引导问题 7：框架柱模板与混凝土接触面应____________并____________，脱模剂不得污染______________接槎处。

引导问题 8：固定在框架柱模板上的_______、_______和_________，均不得遗漏，且应安装牢固、位置准确。

引导问题 9：框架柱模板安装质量应符合下列规定：

1）模板的_______应严密。

2）模板内不应有_______、_______或冰雪等。

3）模板与混凝土的接触面应_______、_______。

引导问题 10：隔离剂的_______和_______应符合施工方案的要求。隔离剂不得影响_______和_______施工；不得沾污钢筋、预应力筋，以及预埋件和混凝土的接槎处；不得对_______造成污染。

检查数量：__________。

检验方法：__________；_______。

引导问题 11：固定在板模板上的预埋件和__________________不得遗漏，且应安装牢固。有_________要求的混凝土结构中的预埋件，应按设计及施工方案的要求采取防渗措施。

工作计划

按照收集资料和决策的过程，制订框架柱 KZ-10 模板施工方案，见表 2-19。

表 2-19　框架柱 KZ-10 模板施工方案

序号	工作内容	负责人
1		
2		
3		
4		
5		
6		

进行决策

讨论框架柱 KZ-10 模板工程的施工过程和施工要点，决定框架柱 KZ-10 模板工程施工技术交底的内容等，完成表 2-20 的填写。

表 2-20 框架柱 KZ-10 模板工程施工技术交底记录

工程名称			施工单位		
编　号			交底日期		
交底部位			工序名称		
交底提要					
交底内容	一、材料要求 二、主要机具 三、作业条件 四、工艺流程 五、操作要点				
项目(专业)技术负责人		交底人		接受交底人	

工作实施

1. 施工前准备工作

引导问题 12： 审查专项施工方案中支模架的构造和______措施，以及计算书中的荷载计算方法，设计审批手续应______。

引导问题 13： 按照规范和施工方案的要求，对模板、______、扣件、脚手板等进行检查验收，不合格产品不得使用，检查验收后的合格产品应运至工地________堆放。经检验合格的模板按规格分类，__________、平整，堆放场地不得有______。

引导问题 14： 备齐操作所需的一切__________设施和器具。

引导问题 15： 模板应涂刷________，严禁使用________。

引导问题 16： 清除搭设场地上的______，应平整场地，并使______畅通。

2. 框架柱模板安装

引导问题 17： 框架柱模板施工流程：安装前准备→________安装就位→安装斜撑→清扫____________→安装就位对面模板→安装______→安装另一方向模板→调整模板位置→紧固__________→斜撑加固→预检。

请完成框架柱 KZ-10 模板安装工程检验批质量验收记录表（表 2-21）的填写。

表 2-21　框架柱 KZ-10 模板安装工程检验批质量验收记录

单位(子单位)工程名称							
分部(子分部)工程名称						验收部位	
总承包施工单位							
专业承包施工单位						项目负责人	
施工执行的标准名称及编号							
施工质量验收规范的规定						施工单位检查评定记录	监理(建设)单位验收记录
主控项目	1	模板及支架用材料			第 4.2.1 条		
	2	模板及支架安装质量			第 4.2.2 条		
	3	后浇带处模板及支架设置			第 4.2.3 条		
	4	支架竖杆或竖向模板安装在土层上时应符合的规定			第 4.2.4 条		
一般项目	1	模板安装的要求			第 4.2.5 条		
	2	隔离剂的品种和涂刷方法			第 4.2.6 条		
	3	模板起拱高度			第 4.2.7 条		
	4	多层连续支模			第 4.2.8 条		
	5	预埋件和预留孔洞要求及防渗措施			第 4.2.9 条		
		预埋件、预留孔洞允许偏差	预埋板中心线位置		3mm		
			预埋管、预留孔中心线位置		3mm		
			预埋筋	中心线位置	5mm		
				外露长度	+10,0mm		
			预埋螺栓	中心线位置	2mm		
				外露长度	+10,0mm		
			预留洞	中心线位置	10mm		
				尺寸	+10,0mm		
	6	现浇结构模板安装允许偏差	轴线位置		5mm		
			底模上表面标高		±5mm		
			模板内部尺寸	基础	±10mm		
				柱、墙、梁	±5mm		
				楼梯相邻踏步高差	5mm		
			柱、墙垂直度	层高≤6m	6mm		
				层高>6m	8mm		
			相邻模板表面高差		2mm		
			表面平整度		5mm		
专业承包施工单位检查评定结果		专业工长(施工员)签名				施工班组长签名	
		项目专业质量检查员(签名): 年　月　日					
监理(建设)单位验收结论		专业监理工程师(签名): (建设单位项目专业技术负责人签名): 年　月　日					

3. 框架柱模板拆除

引导问题 18： 拆模板前先进行针对性的____________技术交底，并做好记录，交底双方履行签字手续。模板拆除前必须办理______________手续，经技术负责人、____________审批签字后方可拆除。模板拆除前必须有______________报告，强度达到______________后方可拆模。

引导问题 19： 模板拆除应遵循先支后拆、________；先拆非承重部位，后________，以及自上而下的原则。拆模时，严禁用______________硬砸硬撬。

引导问题 20： 支撑件及连接件应逐件拆除，模板应逐块拆卸、传递，拆除时不得损伤____和混凝土。

引导问题 21： 拆下的模板及配件不得__________，均应__________堆放整齐，__________应放在工具箱内。

引导问题 22： 分散拆除柱模板的顺序为：拆除拉杆或斜撑→自上而下拆除__________或横楞→拆除竖楞→自上而下拆除__________及模板→运走并分类堆放→清理→________→入库备用。

引导问题 23： 分片拆除柱模板的顺序为：拆除全部__________系统→自上而下拆除__________或横楞→分片拆除模板→__________清理→入库备用。

评价反馈

框架柱 KZ-10 模板施工任务评价见表 2-22。

表 2-22 框架柱 KZ-10 模板施工任务评价

序号	测定项目	评分标准	满分	评价			综合得分
				自评	互评	师评	
1	施工前准备工作	完全准确	20				
2	模板安装施工	完全准确	30				
3	模板拆除准备	完全准确	20				
4	模板拆除施工	完全准确	30				

相关知识点

1. 基本知识

1）模板及支架应根据施工过程中的各种工况进行设计，应具有足够的承载力和刚度，并应保证其整体稳固性。

2）模板及支架应保证工程结构和构件各部分形状、尺寸和位置准确，且应便于钢筋安装和混凝土浇筑、养护。

3）支架立柱和竖向模板安装在土层上时，应符合下列规定：

① 应设置具有足够强度和支承面积的垫板。

② 土层应坚实，并应有排水措施；对湿陷性黄土、膨胀土，应有防水措施；对冻胀性土，应有防冻胀措施。

③ 对软土地基，必要时可采用堆载预压的方法调整模板面板安装高度。

4）模板安装应保证混凝土结构构件各部分形状、尺寸和相对位置准确，并应防止漏浆。

5）模板安装应与钢筋安装配合进行，梁、柱节点的模板宜在钢筋安装后安装。

6）模板与混凝土接触面应清理干净并涂刷脱模剂，脱模剂不得污染钢筋和混凝土接槎处。

7）后浇带的模板及支架应独立设置。

8）固定在模板上的预埋件、预留孔和预留洞，均不得遗漏，且应安装牢固、位置准确。

2. 框架柱模板施工流程

安装前准备→一侧柱模板安装就位→安装斜撑→清扫柱内杂物→安装就位对面模板→安装斜撑→安装另一方向模板→调整模板位置→紧固对拉螺栓→斜撑加固→预检。

3. 框架柱模板制作

1）模板应按图加工、制作。通用性强的模板宜制作成定型模板。

2）模板面板背楞的截面高度宜统一。模板在制作与安装时，面板拼缝应严密。有防水要求的墙体，其模板对拉螺栓中部应设止水片，止水片应与对拉螺栓环形焊接。

3）与通用钢管支架匹配的专用支架，应按图加工、制作。搁置于支架顶端可调托座上的主梁，可采用木方、木工字梁或截面对称的型钢制作。

4. 框架柱模板安装

框架柱模板安装前必须做好下列准备工作：

1）审查专项施工方案中支模架的构造和安全措施，以及计算书中的荷载计算方法，设计审批手续应齐全。

2）进行全面的安全技术交底，操作班组应熟悉本专项施工方案的要求，并做好模板安装作业的分工准备。所有参加作业人员必须是专业施工班组。

3）按照规范和施工方案的要求，对模板、钢管、扣件、脚手板等进行检查验收，不合格产品不得使用，检查验收后的合格产品应运至工地指定地点堆放。经检验合格的模板按规格分类，堆放应整齐、平整，堆放场地不得有积水。

4）备齐操作所需的一切安全防护设施和器具。

5）准备支撑支柱底部的垫木。

6）模板应涂刷脱模剂，严禁使用废旧机油。

7）清除搭设场地上的杂物，应平整场地，并使排水畅通。

安装模板时，应进行测量放线，并应采取保证模板位置准确的定位措施。对于竖向构件的模板及支架，应根据混凝土一次浇筑高度和浇筑速度，采取竖向模板抗侧移、抗浮和抗倾覆措施。对于水平构件的模板及支架，应结合不同的支架和模板面板的形式，采取支架之间、模板之间及模板与支架之间的有效拉结措施。对可能承受较大风荷载的模板，应采取防风措施。

5. 框架柱模板拆除

（1）拆除准备

1）拆模板前先进行针对性的安全技术交底，并做好记录，交底双方履行签字手续。模板拆除前必须办理拆除模板审批手续，经技术负责人、监理工程师审批签字后方可拆除。

2）模板拆除前必须有混凝土强度报告，强度达到规定要求后方可拆模。

3）拆模时应停止拆模作业层以下楼层的交叉作业。

4）清除地面障碍物，并沿建筑物轮廓线外围 2m 以外设置警戒线，严禁行人及机械设备进入。

（2）拆除施工

1）模板拆除应遵循先支后拆、后支先拆；先拆非承重部位，后拆承重部位，以及自上而下的原则。拆模时，严禁用大锤及撬棍硬砸硬撬。

2）支撑件及连接件应逐件拆除，模板应逐块拆卸、传递，拆除时不得损伤模板和混凝土。

3）拆下的模板及配件不得抛扔，均应分类堆放整齐，附件应放在工具箱内。

柱模板拆除可分别采用分散拆和分片拆两种方法：

1）分散拆除的顺序为：拆除拉杆或斜撑→自上而下拆除柱箍或横楞→拆除竖楞→自上而下拆除配件及模板→运走并分类堆放→清理→拔钉→入库备用。

2）分片拆除的顺序为：拆除全部支撑系统→自上而下拆除柱箍或横楞→分片拆除模板→原地清理→入库备用。

6. 质量检查

1）模板、支架杆件和连接件的进场检查，应符合下列规定：

① 模板表面应平整；胶合板模板的胶合层不应脱胶、翘角；支架杆件应平直，应无严重变形和锈蚀；连接件应无严重变形和锈蚀，并不应有裂纹。

② 模板的规格和尺寸，支架杆件的直径和壁厚，以及连接件的质量，均应符合设计要求。

③ 施工现场组装的模板，其组成部分的外观和尺寸应符合设计要求。

④ 必要时，应对模板、支架杆件和连接件的力学性能进行抽样检查。

⑤ 模板、支架杆件和连接件应在进场时和周转使用前全数检查外观质量。

2）模板安装后应检查尺寸偏差。固定在模板上的预埋件、预留孔和预留洞，应检查数量和尺寸。

任务四　框架柱混凝土施工

任务描述

框架柱 KZ-10 施工图如图 2-1 所示，请完成该框架柱混凝土施工。

学习目标

通过本任务的学习，学生应达到以下目标：

1. 熟悉框架柱混凝土浇筑前的准备工作。
2. 掌握框架柱混凝土运输、浇筑、振捣、养护等的施工方法。
3. 能进行框架柱混凝土施工的质量验收。

任务单

框架柱 KZ-10 混凝土施工任务单见表 2-23。

表 2-23　框架柱 KZ-10 混凝土施工任务单

专业班组		班长		日期	
施工任务：框架柱 KZ-10 混凝土工程施工					
检查意见：					
签章：					

任务分组

框架柱 KZ-10 混凝土施工学生任务分配见表 2-24。

表 2-24　框架柱 KZ-10 混凝土施工学生任务分配

班级		组号		指导教师	
组长		学号			
组员	学号	姓名	任务分工		

获取信息

1. 框架柱混凝土浇筑的一般规定

引导问题 1： 混凝土自高处下落的高度不得超过______，浇筑高度如超过________时必须采取措施，用串桶或溜管等辅助施工。

引导问题 2： 浇筑混凝土时应分段分层连续进行，浇筑层高度应根据结构特点、钢筋疏密决定，一般为振捣器作用部分长度的________倍，最大不超过______。

引导问题 3： 使用插入式振捣棒应快插慢拔，插点要________，________，按顺序进行，不得遗漏，做到均匀振实。振捣棒的移动间距不大于振捣作用半径的____倍（一般为 30~40cm）。振捣上一层时应插入下层________，以消除两层之间的接缝。平板振动器的移动间距，应保证振动器的平板覆盖已振实部分的边缘。

引导问题 4： 浇筑混凝土应____进行。如必须间歇，其间歇时间应尽量缩短，并应在混凝土______之前，将次层混凝土浇筑完毕。间歇的最长时间应按所用水泥品种、气温及混凝土凝结条件确定，一般超过 2h 应按________处理。

引导问题 5： 浇筑混凝土时应经常观察模板、钢筋、预留孔洞、预埋件和插筋等有无______、变形或____情况，发现问题应立即处理，并应在已浇筑的混凝土____修正完好。

2. 框架柱混凝土养护

引导问题 6： 混凝土浇筑完毕后，应在____以内加以覆盖和浇水，浇水次数应能保持混凝土有足够的______状态，养护期一般不少于______。

3. 框架柱混凝土成品保护

引导问题 7： 在浇筑混凝土时，要对已经完成的成品进行保护，浇筑上层混凝土时________要派专人及时清理干净，________混凝土也要随时清理干净。

引导问题 8： 对______等易碰坏的地方，应当有保护措施。

引导问题 9： 冬期施工时，在已浇筑的楼板上进行覆盖养护时，要在______上操作，以免踩踏出痕迹。

4. 质量问题

引导问题 10： 产生蜂窝的原因是混凝土一次下料________，振捣不实或漏振，模板有缝隙使水泥浆________，钢筋较密而混凝土坍落度________或石子过大，柱、墙根部模板有______，以致混凝土中的砂浆从下部涌出。

引导问题 11： 产生露筋的原因是钢筋垫块______、间距过大、漏放、______紧贴模板造成露筋，或梁、板底部振捣______，也可能出现露筋。

引导问题 12： 产生孔洞的原因是钢筋较密的部位混凝土浇筑不到位，未经______就继续浇筑上层混凝土。

引导问题 13： 产生缝隙与夹渣层的原因是施工缝处______清理不净或未浇底浆、振捣不实等。

引导问题 14：梁、柱连接处的断面尺寸偏差过大，主要原因是柱接头________刚度差、支撑______或支设此部位模板时未认真控制断面尺寸。

工作计划

按照收集资料和决策的过程，制订框架柱 KZ-10 混凝土施工方案，见表 2-25。

表 2-25　框架柱 KZ-10 混凝土施工方案

序号	工作内容	负责人
1		
2		
3		
4		
5		
6		

进行决策

讨论框架柱 KZ-10 混凝土工程的施工过程和施工要点，决定框架柱 KZ-10 混凝土施工技术交底的内容等，完成表 2-26 的填写。

表 2-26　框架柱 KZ-10 混凝土施工技术交底记录

<table>
<tr><td>工程名称</td><td colspan="2"></td><td colspan="2">施工单位</td><td></td></tr>
<tr><td>编　　号</td><td colspan="2"></td><td colspan="2">交底日期</td><td></td></tr>
<tr><td>交底部位</td><td colspan="2"></td><td colspan="2">工序名称</td><td></td></tr>
<tr><td>交底提要</td><td colspan="5"></td></tr>
<tr><td>交底内容</td><td colspan="5">一、材料要求

二、主要机具

三、作业条件

四、工艺流程

五、操作要点</td></tr>
<tr><td>项目(专业)
技术负责人</td><td></td><td>交底人</td><td></td><td>接受交底人</td><td></td></tr>
</table>

工作实施

1. 施工前准备工作

引导问题 15： 柱模板、______等全部安装完毕，经检查符合设计和施工规范要求，并办理完______检、预检手续。

引导问题 16： 柱模板内的木屑等杂物已________。

引导问题 17： 钢筋保护层________及框架柱定位____安装完毕。

引导问题 18： 模板下口及____模处模板拼接严密，已加固牢固。

引导问题 19： 浇筑混凝土用的架子及______平台等已搭设完毕、支撑牢固，能够满足浇筑混凝土的要求。

引导问题 20： 施工员依据施工方案对________已进行全面的施工技术培训，混凝土浇筑______已被批准。

2. 工艺流程

引导问题 21： 柱混凝土浇筑工艺流程为作业准备→混凝土__________→混凝土浇筑与__________→养护。

3. 商品混凝土的运输

引导问题 22： 混凝土搅拌车的数量应根据运距和浇筑____合理配置，以满足混凝土浇筑要求。应通过计算确定每次浇筑混凝土所需配备的运输车________，确保现场混凝土浇筑____进行。

引导问题 23： 混凝土运输罐车到达率必须保证____有一台罐车等待浇筑，浇筑现场与搅拌站应保持密切联系，随时根据______进度及道路情况调整发车频率，并设专人管理指挥，以免车辆相互拥挤堵塞。

4. 商品混凝土进场及浇筑过程的现场管理

引导问题 24： 商品混凝土运到工地后要对其进行全面的、仔细的检查，若混凝土拌合物出现______、______等现象，应坚决退货。

引导问题 25： 对到场的混凝土实行每车必测____________，由现场工程师组织实验员对______进行测试，并做好测试记录，不符合要求时严禁使用。

引导问题 26： 现场工程师应详细记录每车混凝土的____时间、______时间、浇筑完成时间，以便准确了解供应及浇筑过程中混凝土的质量能否得到有效保障。

5. 框架柱混凝土浇筑

引导问题 27： 柱浇筑前底部应先填________厚与混凝土配合比相同减石子砂浆，柱混凝土应分层振捣，使用插入式振捣棒时每层厚度不大于____cm，振捣棒不能触动________和________。除上面振捣外，下面要有人随时敲打模板。

引导问题 28： 柱高在______m 之内，可在柱顶直接浇筑混凝土，超过 3m 时应采取措施用__________或在模板侧面开口安装________分段浇筑。每段高度不得超过 2m，每段混凝土浇筑后将洞口模板封闭严实，并用箍箍牢。

引导问题 29：柱子混凝土应______浇筑完毕，如需留施工缝时应留在____梁下面。无梁楼板应留在______下面。在与梁板整体浇筑时，应在柱浇筑完毕后停歇______h，使其获得初步沉实，再继续浇筑。

引导问题 30：浇筑完毕后，应随时将伸出的________钢筋整理到位。

6. 框架柱混凝土振捣

引导问题 31：振捣点分布在柱的四角且距离________10~15cm。

引导问题 32：使用插入式振捣棒时应________，振捣应密实。每处振点的延续时间以混凝土表面不再显著______、不再出现____、呈现灰浆为准，振捣上一层混凝土时应插入下层______左右，以消除两层之间的接缝。

引导问题 33：混凝土浇筑完毕后，将上口甩出的______整理好，用木抹子按标高线将上表面混凝土找平，柱模板拆除后要将混凝土表层的______清除干净。

引导问题 34：浇筑施工缝前，施工缝处混凝土表面应剔除表面____和松动石子等，用水冲洗干净并充分______。

7. 拆模、养护

引导问题 35：混凝土浇筑完毕____h 后，即可拆除柱模板（随着气温的降低，拆模时间顺延）。柱模板拆除后，应采用________进行覆盖养护，但必须保证____内有凝结水，养护时间不得少于______。

请完成框架柱 KZ-10 混凝土工程检验批质量验收记录表（表 2-27、表 2-28）的填写。

表 2-27　框架柱 KZ-10 混凝土原材料及配合比设计检验批质量验收记录

单位(子单位)工程名称					
分部(子分部)工程名称				验收部位	
施工单位				项目经理	
施工执行的标准名称及编号					
施工质量验收规范的规定				施工单位检查评定记录	监理(建设)单位验收记录
主控项目	1	水泥进场检验	第 7.2.1 条		
	2	混凝土外加剂进场检验	第 7.2.2 条		
一般项目	1	矿物掺合料进场检验	第 7.2.3 条		
	2	粗细骨料的质量	第 7.2.4 条		
	3	拌制及养护混凝土用水	第 7.2.5 条		
施工单位检查评定结果	专业工长(施工员)签名		施工班组长签名		
	项目专业质量检查员(签名)： 年　月　日				
监理(建设)单位验收结论	专业监理工程师(签名)： (建设单位项目专业技术负责人签名)： 年　月　日				

表 2-28　框架柱 KZ-10 混凝土施工检验批质量验收记录

单位(子单位)工程名称					
分部(子分部)工程名称				验收部位	
总承包施工单位				项目负责人	
专业承包施工单位				项目负责人	
施工执行的标准名称及编号					
施工质量验收规范的规定				施工单位检查评定记录	监理(建设)单位验收记录
主控项目	1	混凝土强度等级及试件的取样和留置	第 7.4.1 条		
一般项目	1	后浇带、施工缝的位置和处理	第 7.4.2 条		
	2	混凝土养护	第 7.4.3 条		
专业承包施工单位检查评定结果	专业工长(施工员)签名			施工班组长签名	
	项目专业质量检查员(签名): 年　月　日				
监理(建设)单位验收结论	专业监理工程师(签名): (建设单位项目专业技术负责人签名): 年　月　日				

评价反馈

框架柱 KZ-10 混凝土施工任务评价见表 2-29。

表 2-29　框架柱 KZ-10 混凝土施工任务评价

序号	测定项目	评分标准	满分	评价			综合得分
				自评	互评	师评	
1	施工前准备工作	完全准确	15				
2	商品混凝土运输	完全准确	15				
3	混凝土浇筑	完全准确	30				
4	混凝土振捣、养护	完全准确	20				
5	混凝土质量检验	完全准确	20				

相关知识点

1. 框架柱混凝土浇筑前应完成的工作

1）隐蔽工程验收和技术复核。

2）对操作人员进行技术交底。

3）根据施工方案中的技术要求，检查并确认施工现场具备施工条件。

4）施工单位填报浇筑申请单，并经监理单位签认。

5）混凝土拌合物入模温度不应低于 5℃，且不应高于 35℃。

2. 框架柱混凝土输送

混凝土输送宜采用泵送方式，并符合下列规定：

1）混凝土输送泵的选择及布置应符合下列规定：

① 输送泵的选型应根据工程特点、混凝土的输送高度和距离、混凝土和易性确定。

② 输送泵的数量应根据混凝土浇筑量和施工条件确定，必要时应设置备用泵。

③ 输送泵设置的位置应满足施工要求，场地应平整、坚实，道路应畅通。

④ 输送泵的作业范围不得有障碍物，输送泵的设置位置应有防范高空坠物的设施。

2）混凝土输送泵管与支架的设置应符合下列规定：

① 混凝土输送泵管应根据输送泵的型号、拌合物性能、输送泵总输出量、输送泵单位输出量、输送距离以及粗集料粒径等进行选择。

② 混凝土粗集料最大粒径不大于 25mm 时，可采用内径不小于 125mm 的输送泵管；混凝土粗集料最大粒径不大于 40mm 时，可采用内径不小于 150mm 的输送泵管。

③ 输送泵管的安装连接应严密，输送泵管道转向宜平缓。

④ 输送泵管应采用支架固定，支架应与结构牢固连接，输送泵管转向处的支架应加密。支架应通过计算确定，支架设置位置的结构应进行验算，必要时应采取加固措施。

⑤ 向上输送混凝土时，地面水平输送泵管的直管和弯管的总的折算长度不宜小于竖向输送高度的 20%，且不宜小于 15m。

⑥ 输送泵管倾斜或垂直向下输送混凝土，且高差大于 20m 时，应在倾斜或竖向管道的下端设置直管或弯管，直管或弯管的总的折算长度不宜小于高差的 1.5 倍。

⑦ 输送高度大于 100m 时，混凝土输送泵出料口处的输送泵管位置应设置截止阀。

⑧ 混凝土输送泵管及其支架应经常进行检查和维护。

3）混凝土输送布料设备的设置应符合下列规定：

① 布料设备的选择应与输送泵相匹配，布料设备的混凝土输送管内径宜与混凝土输送泵管内径相同。

② 布料设备的数量及位置应根据布料设备的工作半径、施工作业面大小以及施工要求确定。

③ 布料设备应安装牢固，且应采取抗倾覆措施；布料设备安装位置处的结构或专用装置应进行验算，必要时应采取加固措施。

④ 应经常对布料设备的弯管壁厚进行检查，磨损较大的弯管应及时更换。

⑤ 布料设备作业范围内不得有障碍物，并应有防范高空坠物的设施。

4）输送混凝土的管道、容器、溜槽不应吸水、漏浆，并应保证输送通畅。输送混凝土时，应根据工程所处环境条件采取保温、隔热、防雨等措施。

5）采用输送泵输送混凝土时应符合下列规定：

① 应先进行泵水检查，并应湿润输送泵的料斗、活塞等直接与混凝土接触的部位；泵水检查完成后，应清除输送泵内的积水。

② 输送混凝土前，宜先输送水泥砂浆对输送泵和输送管进行润滑，然后开始输送混凝土。

③ 输送混凝土应先慢后快、逐步加速，应在系统运转顺利后再按正常速度输送。

④ 输送混凝土过程中，应设置输送泵集料斗网罩，并应保证集料斗内有足够的混凝土余量。

3. 框架柱混凝土浇筑

1）浇筑混凝土前，应清除模板内或垫层上的杂物。表面干燥的模板上应洒水湿润；施工现场环境温度高于35℃时，宜对金属模板进行洒水降温；洒水后模板上不得留有积水。

2）混凝土浇筑应保证混凝土的均匀性和密实性，混凝土宜一次连续浇筑。

3）混凝土应分层浇筑、分层振捣，分层振捣的最大厚度应符合表2-30的规定，上层混凝土应在下层混凝土初凝之前浇筑完毕。

表 2-30　混凝土分层振捣的最大厚度

振捣方法	混凝土分层振捣最大厚度
插入式振捣棒	振捣棒作用部分长度的1.25倍
平板振动器	200mm
附着振动器	根据设置方式通过试验确定

4）混凝土运输、输送入模的过程应保证混凝土连续浇筑，从运输到输送入模的延续时间不宜超过表2-31的规定。掺早强型减水剂、早强剂的混凝土，以及有特殊要求的混凝土，应根据设计及施工要求通过试验确定延续时间。

表 2-31　混凝土从运输到输送入模的延续时间　（单位：min）

条件	气温	
	≤25℃	>25℃
不掺外加剂	90	60
掺外加剂	150	120

5）混凝土浇筑的布料点宜接近浇筑位置，应采取减少混凝土下料冲击的措施，并应符合下列规定：

① 宜先浇筑竖向结构构件，后浇筑水平结构构件。

② 浇筑区域结构平面有高差时，宜先浇筑低区部分，再浇筑高区部分。

6）柱、墙模板内的混凝土浇筑不得产生离析，倾落高度应符合表2-32的规定。当不能满足要求时，应加设串筒、溜管、溜槽等装置。

表 2-32　柱、墙模板内混凝土浇筑倾落高度限值　（单位：m）

条件	浇筑倾落高度限值
粗集料粒径大于25mm	≤3
粗集料粒径不大于25mm	≤6

注：当有可靠措施能保证混凝土不产生离析时，混凝土倾落高度可不受本表限制。

7）混凝土浇筑后，在混凝土初凝前和终凝前，宜分别对混凝土裸露表面进行抹面处理。

8）柱、墙混凝土设计强度等级高于梁、板混凝土设计强度等级时，混凝土浇筑应符合下列规定：

① 柱、墙混凝土设计强度比梁、板混凝土设计强度高一个等级时，柱、墙位置处的梁、板高度范围内的混凝土经设计单位确认后，可采用与梁、板混凝土设计强度等级相同的混凝土进行浇筑。

② 柱、墙混凝土设计强度比梁、板混凝土设计强度高两个及以上等级时，应在交界区域采取分隔措施；分隔位置应在低强度等级的构件中，且距高强度等级构件边缘不应小于 500mm。

③ 宜先浇筑强度等级高的混凝土，后浇筑强度等级低的混凝土。

9）泵送混凝土浇筑应符合下列规定：

① 宜根据结构的形状及尺寸、混凝土供应情况、混凝土浇筑设备、场地内外条件等划分每台输送泵的浇筑区域及浇筑顺序。

② 采用输送管浇筑混凝土时，宜由远而近浇筑；采用多根输送管同时浇筑时，其浇筑速度宜保持一致。

③ 润滑输送管的水泥砂浆用于湿润结构施工缝时，水泥砂浆应与混凝土浆液成分相同；接浆厚度不应大于 30mm，多余水泥砂浆应收集后运出。

④ 混凝土泵送浇筑应连续进行；当混凝土不能及时供应时，应采取间歇泵送方式。

⑤ 混凝土浇筑后，应清洗输送泵和输送管。

4. 框架柱混凝土振捣

1）混凝土振捣应能使模板内各个部位的混凝土密实、均匀，不应漏振、欠振、过振。

2）混凝土振捣应采用插入式振捣棒、平板振动器或附着振动器，必要时可采用人工辅助振捣。

3）振捣棒振捣混凝土应符合下列规定：

① 应按分层浇筑厚度分别进行振捣，振捣棒的前端应插入前层混凝土中，插入深度不应小于 50mm。

② 振捣棒应垂直于混凝土表面并快插慢拔、均匀振捣。当混凝土表面无明显塌陷、有水泥浆出现、不再冒气泡时，应结束该部位振捣。

③ 振捣棒与模板的距离不应大于振捣棒作用半径的 50%，振捣插点的间距不应大于振捣棒作用半径的 1.4 倍。

5. 框架柱混凝土养护

1）混凝土浇筑后应及时进行保湿养护，保湿养护可采用洒水、覆盖、喷涂养护剂等方式。养护方式应根据现场条件、环境温（湿）度、构件特点、技术要求、施工操作能力等因素确定。

2）混凝土的养护时间应符合下列规定：

① 采用硅酸盐水泥、普通硅酸盐水泥或矿渣硅酸盐水泥配制的混凝土，不应少于7d；采用其他品种水泥时，养护时间应根据水泥性能确定。

② 采用缓凝型外加剂、大掺量矿物掺合料配制的混凝土，不应少于14d。

③ 抗渗混凝土、强度等级C60及以上的混凝土，不应少于14d。

④ 后浇带混凝土的养护时间不应少于14d。

⑤ 地下室底层墙、柱和上部结构的首层墙、柱，宜适当增加养护时间。

⑥ 大体积混凝土养护时间应根据施工方案确定。

3）洒水养护应符合下列规定：

① 洒水养护宜在混凝土裸露表面覆盖麻袋或草帘后进行，也可采用直接洒水、蓄水等养护方式；洒水养护应保证混凝土表面处于湿润状态。

② 当日最低温度低于5℃时，不应采用洒水养护。

4）覆盖养护应符合下列规定：

① 覆盖养护宜在混凝土裸露表面覆盖塑料薄膜、塑料薄膜加麻袋、塑料薄膜加草帘进行。

② 塑料薄膜应紧贴混凝土裸露表面，塑料薄膜内应保持有凝结水。

③ 覆盖物应严密，覆盖物的层数应按施工方案确定。

5）喷涂养护剂养护应符合下列规定：

① 应在混凝土裸露表面喷涂覆盖致密的养护剂进行养护。

② 养护剂应均匀喷涂在结构构件表面，不得漏喷；养护剂应具有可靠的保湿效果，保湿效果可通过试验检验。

③ 养护剂使用方法应符合产品说明书的有关要求。

6）柱、墙混凝土养护方法应符合下列规定：

① 地下室底层和上部结构首层的柱、墙混凝土的带模养护时间，不应少于3d；带模养护结束后，可采用洒水养护方式继续养护，也可采用覆盖养护或喷涂养护剂养护方式继续养护。

② 其他部位的柱、墙混凝土可采用洒水养护，也可采用覆盖养护或喷涂养护剂养护。

7）同条件养护试件的养护条件应与实体结构部位的养护条件相同，并应妥善保管。

8）施工现场应具备混凝土标准试件制作条件，并应设置标准试件养护室或养护箱。标准试件养护应符合国家现行有关标准的规定。

6. 质量检查

1）混凝土结构施工质量检查可分为过程控制检查和拆模后的实体质量检查。过程控制检查应在混凝土施工全过程中，按施工段划分和工序安排及时进行；拆模后的实体质量检查应在混凝土表面未作处理和装饰前进行。

2）混凝土结构施工的质量检查，应符合下列规定：

① 检查的频率、时间、方法和参加检查的人员，应根据质量控制的需要确定。

② 施工单位应对完成施工的部位或成果的质量进行自检，自检应全数检查。

③ 混凝土结构施工质量检查应做好记录；返工和修补的构件，应有返工修补前后的记录，并应有图像资料。

④ 已经隐蔽的工程内容，可检查隐蔽工程验收记录。

⑤ 需要对混凝土结构的性能进行检验时，应委托有资质的检测机构检测，并应出具检测报告。

3）混凝土浇筑前应检查混凝土送料单，核对混凝土配合比，确认混凝土强度等级，检查混凝土运输时间，测定混凝土坍落度，必要时还应测定混凝土扩展度。

4）混凝土结构施工过程中，应进行下列检查：

① 模板检查内容：模板及支架的位置、尺寸；模板的变形和密封性；模板涂刷脱模剂及进行必要的表面湿润；模板内杂物清理。

② 钢筋及预埋件检查内容：钢筋的规格、数量；钢筋的位置；钢筋的混凝土保护层厚度；预埋件的规格、数量、位置及固定情况。

③ 混凝土拌合物检查内容：坍落度、入模温度等；大体积混凝土的温度测控情况。

④ 混凝土施工检查内容：混凝土的输送、浇筑、振捣等情况；混凝土浇筑时模板的变形、漏浆等；混凝土浇筑时钢筋和预埋件的位置；混凝土试件制作情况；混凝土养护情况。

7. 框架柱混凝土缺陷修整

1）混凝土结构缺陷可分为尺寸偏差缺陷和外观缺陷。尺寸偏差缺陷和外观缺陷可分为一般缺陷和严重缺陷。混凝土结构尺寸偏差超出规范规定，但尺寸偏差对结构性能和使用功能未构成影响时，应属于一般缺陷；而尺寸偏差对结构性能和使用功能构成影响时，应属于严重缺陷。柱混凝土结构外观缺陷分类应符合表 2-33 的规定。

表 2-33　柱混凝土结构外观缺陷分类

名称	现象	严重缺陷	一般缺陷
露筋	构件内钢筋未被混凝土包裹而外露	纵向受力钢筋有露筋	其他钢筋有少量露筋
蜂窝	混凝土表面缺少水泥砂浆而形成石子外露	构件主要受力部位有蜂窝	其他部位有少量蜂窝
孔洞	混凝土中孔穴深度和长度均超过保护层厚度	构件主要受力部位有孔洞	其他部位有少量孔洞
夹渣	混凝土中夹有杂物且深度超过保护层厚度	构件主要受力部位有夹渣	其他部位有少量夹渣
疏松	混凝土中局部不密实	构件主要受力部位有疏松	其他部位有少量疏松
裂缝	缝隙从混凝土表面延伸至混凝土内部	构件主要受力部位有影响结构性能或使用功能的裂缝	其他部位有少量不影响结构性能或使用功能的裂缝
连接部位缺陷	构件连接处混凝土有缺陷，且连接钢筋、连接件松动	连接部位有影响结构传力性能的缺陷	连接部位有基本不影响结构传力性能的缺陷
外形缺陷	缺棱掉角、棱角不直、翘曲不平、飞边凸肋等	清水混凝土构件有影响使用功能或装饰效果的外形缺陷	其他混凝土构件有不影响使用功能的外形缺陷
外表缺陷	构件表面有麻面、掉皮、起砂、沾污等	具有重要装饰效果的清水混凝土构件有外表缺陷	其他混凝土构件有不影响使用功能的外表缺陷

2）施工过程中发现混凝土结构缺陷时，应认真分析缺陷产生的原因。对严重缺陷，施工单位应制订专项修整方案，方案应经论证审批后再实施，不得擅自处理。

3）混凝土结构外观一般缺陷的修整应符合下列规定：

① 露筋、蜂窝、孔洞、夹渣、疏松等外表缺陷，应凿除黏结不牢固部分的混凝土，应清理基层表面，洒水湿润后应用1：（2~2.5）水泥砂浆抹平。

② 应封闭裂缝。

③ 连接部位缺陷、外形缺陷可与面层装饰施工一并处理。

4）混凝土结构外观严重缺陷的修整应符合下列规定：

① 露筋、蜂窝、孔洞、夹渣、疏松等外表缺陷，应凿除黏结不牢固部分的混凝土至密实部位；然后清理表面，支设模板，洒水湿润，涂抹混凝土界面剂；采用比原混凝土强度等级高一级的细石混凝土浇筑密实，养护时间不应少于7d。

② 清水混凝土的外形和外表的严重缺陷的，宜在使用水泥砂浆或细石混凝土修补后用磨光机械磨平。

5）混凝土结构尺寸偏差的一般缺陷，可结合装饰工程进行修整。

6）混凝土结构尺寸偏差的严重缺陷，应会同设计单位共同制订专项修整方案，结构修整后应重新检查验收。

学习情境 3　钢筋混凝土框架梁施工

学习情境描述

某现代农业园区办公楼工程，为企业内部行政办公用房，属多层建筑，总建筑面积 4201.32m²，建筑占地面积 1053.84m²，建筑高度 17.40m，地上四层，一层层高 3.9m，二层、三层层高 3.6m，顶层层高 3.9m。建筑结构形式采用钢筋混凝土框架结构，基础形式采用钢筋混凝土框架梁，建筑设计使用年限为 50 年。本工程 ±0.000 相当于黄海高程 99.310m，室内外高差为 900mm，地基基础设计等级为乙级。

现要求施工技术人员按照办公楼施工图纸和规范要求完成办公楼框架梁的施工及质量验收。

任务一　框架梁施工图识读

任务描述

施工技术人员拿到办公楼项目的建筑施工图纸、结构施工图纸。现要求施工技术人员完成标高为 4.120m 的梁平法施工图识读任务，在完成此项识读任务之前请首先完成图 3-1 梁平法施工图的识读，熟悉梁施工图的识读方法。

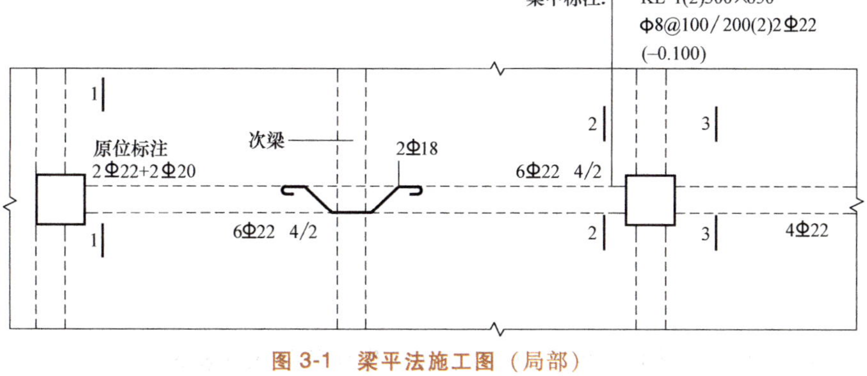

图 3-1　梁平法施工图（局部）

在平面注写方式中，梁集中标注的内容包括：梁的编号，梁的截面尺寸（断面宽×断面高，用 $b \times h$ 表示），梁箍筋、梁上部通长钢筋或架立筋的配置，梁侧面纵向构造钢筋或受扭钢筋的配置，这些内容为必注值；梁顶面标高差值为选注值。在图 3-1 中，集中标注的“KL-1(2)300×650”表明该梁为楼层框架梁，序号为 1，两跨，梁的截面尺寸为 300mm×650mm；“Φ8@100/200(2)2Φ22”表明梁箍筋为 HPB300 钢筋，直径 8mm，加密区间距为 100mm，非加密区间距为 200mm，均为两肢箍，梁上部的贯通筋为 2Φ22；（-0.100）表示梁顶面相对于楼面标高的高差，该项为选注值。有高差时，须将其写入括号内，无高差时不注。

另外，主、次梁交接处配有吊筋 2Φ18，当主梁梁高不大于 800mm 时，弯起角取 45°；当主梁梁高大于 800mm 时，弯起角取 60°。

学习目标

通过本任务的学习，学生应达到以下目标：

1. 正确识读框架梁的类型。
2. 正确识读框架梁的尺寸及相对位置。
3. 正确识读框架梁的配筋。
4. 在教师的指导下，小组成员协作完成框架梁施工图识读检查。

任务单

4.120m 梁平法施工图中框架梁 KL-10 识读任务单见表 3-1。

表 3-1　4.120m 梁平法施工图中框架梁 KL-10 识读任务单

专业班组		班长		日期	
识图任务：4.120m 梁平法施工图中框架梁 KL-10 识读					
检查意见：					
签章：					

任务分组

4.120m 梁平法施工图中框架梁 KL-10 识读学生任务分配见表 3-2。

表 3-2　4.120m 梁平法施工图中框架梁 KL-10 识读学生任务分配

班级		组号		指导教师	
组长		学号			
组员	学号	姓名	任务分工		

获取信息

引导问题 1：根据平法图集 22G101-1，梁平法施工图如何表示？

框架梁平法施工图的两种表达方式是____________和____________。框架梁的平面注写方式分为____________为和____________两部分内容。

引导问题 2：框架梁的代号如何表示？

楼层框架梁的代号为______，屋面框架梁的代号为______；框支梁的代号为______，悬挑梁的代号为______。梁编号由______、______、______、______等组成。

引导问题 3：框架梁集中标注如何表示？

框架梁集中标注的内容中，________、____、____、__________________________________属于必注项。

梁箍筋的标注包括______、______、______、______等内容。

当集中标注中的某项数值不适用于梁的某部位时，该数值应该原位标注，施工时，__________优先。

引导问题 4：框架梁纵向配筋如何表示？

“2Φ22；2Φ20”表示____。当梁腹板高度大于____________时，需要配置纵向构造钢筋。G4Φ14 表示梁的两个侧面共配置__________纵向构造钢筋，每侧各配置______________。

梁支座上部纵筋注写为“6Φ25 4/2”，表示____________________________；“2Φ25+2Φ25”表示____。

引导问题 5：梁支座上部纵筋的长度如何规定？

第一排非通长筋及与跨中直径不同的通长筋，从柱（梁）边起伸出至________位置；第二排非通长筋伸出至________位置。

框架梁实际配筋如图 3-2 所示。

图 3-2　框架梁实际配筋

工作计划

按照收集资料和决策的过程，制订 4.120m 梁平法施工图中框架梁 KL-10 施工图识读方案，见表 3-3。

表 3-3　4.120m 梁平法施工图中框架梁 KL-10 施工图识读方案

序号	工作内容	负责人
1		
2		
3		
4		
5		
6		

进行决策

讨论平面整体表示方法制图规则，决定框架梁 KL-10 的类型、截面尺寸、纵向配筋、底面标高等。

工作实施

识读图 3-1，完成表 3-4 的填写。

表 3-4 4.120m 梁平法施工图中框架梁 KL-10 图纸交底

图纸名称	内容	识图信息
4.120m 梁平法施工图 （框架梁 KL-10）	框架梁编号	框架梁的编号为________
	框架梁类型	框架梁的类型为________,共________跨
	框架梁截面尺寸	框架梁的截面尺寸为________
	框架梁纵向配筋	框架梁纵向配筋情况：梁上部钢筋直径为____ mm,梁下部钢筋直径为____ mm,箍筋直径为____ mm。两端支座处配筋情况为____________________,中间支座处配筋情况为________________
	框架梁的构造配筋	构造筋直径为____ mm
	框架梁底面标高	梁底面标高为____ m

评价反馈

4.120m 梁平法施工图中框架梁 KL-10 识读任务评价见表 3-5。

表 3-5 4.120m 梁平法施工图中框架梁 KL-10 识读任务评价

序号	测定项目	评分标准	满分	评价			综合得分
				自评	互评	师评	
1	框架梁编号	完全准确	10				
2	框架梁类型	完全准确	10				
3	框架梁截面尺寸	完全准确	20				
4	框架梁纵向配筋	完全准确	25				
5	框架梁的构造配筋	完全准确	25				
6	框架梁底面标高	完全准确	10				

相关知识点

梁平法施工图是用平面注写方式或截面注写方式表达的梁平面布置图。

梁平面布置图应分别按梁的不同结构层（标准层），将全部梁和相关联的墙、板一起采用适当比例绘制。

梁平法施工图中，应注明各结构层的顶面标高及相应的结构层号。对于轴线未居中的梁，应标注其偏心定位尺寸（贴柱边的梁可不注）。

1. 平面注写方式

平面注写方式是在梁平面布置图上，分别在不同编号的梁中各选一根梁，在其上注写截面尺寸和配筋的具体数值，以此来表达梁平法施工图。

平面注写包括集中标注与原位标注，集中标注表达梁的通用数值，原位标注表达梁的特殊数值。当集中标注中的某项数值不适合梁的某部位时，则将该项数值原位标注。

2. 截面注写方式

截面注写方式是在分标准层绘制的平面布置图上，分别在不同编号的梁中各选择一根梁用剖面符号引出配筋图，并在其上注写截面尺寸和配筋的具体数值，以此来表达梁平法施工图。截面注写方式既可以单独使用，也可与平面注写方式结合使用，如图 3-3 所示。

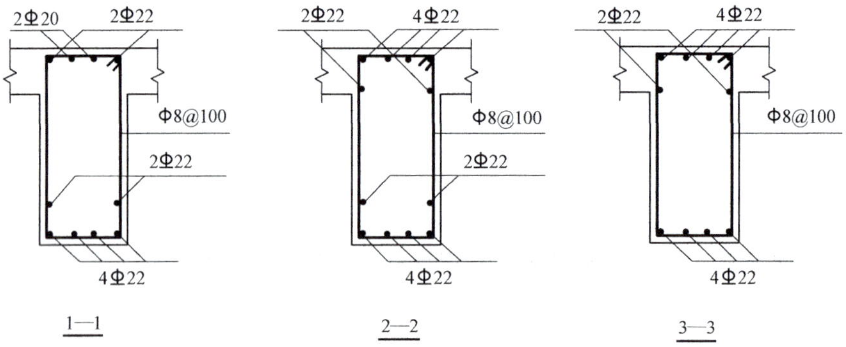

图 3-3　梁平法施工图（截面注写方式）

图 3-3 中的 1—1 断面处，梁上部注写的“2 Φ 22”“2 Φ 20”表明该处配有两根直径为 22mm 的 HRB335 钢筋和两根直径为 20mm 的 HRB335 钢筋；梁下部注写的“2 Φ 22”“4 Φ 22”，表明该处配有 6 根直径为 22mm 的 HRB335 钢筋，且双排布置，上面 2 根，下面 4 根。

图 3-3 中的 2—2 断面处，梁的下部钢筋没有变化，梁上部注写的“4 Φ 22”“2 Φ 22”，表明该处配有 6 根直径为 22mm 的 HRB335 钢筋，且双排布置，上面 4 根，下面 2 根。

图 3-3 中的 3—3 断面处，梁上部筋没有变化，梁下部筋为“4 Φ 22”，表明单排布置 4 根 HRB335 钢筋，直径 22mm。

任务二　框架梁模板施工

任务描述

施工技术人员接到办公楼框架结构框架梁模板工程的任务后，根据办公楼结构施工图纸中的 4.120m 梁平法施工图，编制框架梁模板施工方案，并按照图纸要求选用合适的模板形式及构件。

学习目标

通过本任务的学习，学生应达到以下目标：

1. 正确区分各种模板的类型及应用范围。
2. 在教师的指导下查阅模板的设计原则等相关资料，编制框架梁模板施工方案。
3. 小组成员协作完成模板安装。
4. 在教师的指导下完成模板的拆除。
5. 在教师的指导下，小组成员协作完成模板验收与质量检查。

任务单

4.120m 梁平法施工图中框架梁模板施工方案编制任务单见表 3-6。

表 3-6　4.120m 梁平法施工图中框架梁模板施工方案编制任务单

专业班组		班长		日期	
设计任务：4.120m 梁平法施工图中框架梁模板施工方案设计					
检查意见：					
签章：					

任务分组

4.120m 梁平法施工图中框架梁模板施工方案编制学生任务分配见表 3-7。

表 3-7　4.120m 梁平法施工图中框架梁模板施工方案编制学生任务分配

班级		组号		指导教师	
组长		学号			
组员	学号	姓名	任务分工		

获取信息

模板是新浇混凝土成型的模具，主要用来保证混凝土构件具有要求的形状、尺寸和表面质量。模板分项施工的控制重点在于模板及支架的材料、承载力、刚度和整体稳固性等。

框架梁模板施工工艺流程如图 3-4 所示。

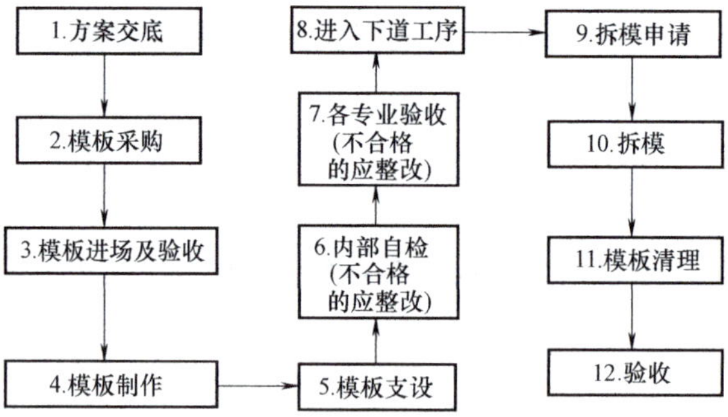

图 3-4　框架梁模板施工工艺流程

1. 框架梁模板的类型及其特性

模板及支架用材料的技术指标应符合国家现行有关标准的规定。进场时应抽样检验模板和支架用材料的外观、规格和尺寸。

引导问题 1：常见模板的类型及其特性有哪些？

引导问题 2：模板进场的检验方法有__________、__________、__________。

2. 框架梁模板的设计原则

模板工程应编制专项施工方案。滑模、爬模、飞模等工具式模板工程及高大模板支架工程的专项施工方案，应进行技术论证。

引导问题 3：模板及支架应根据安装、使用和拆除工况进行设计，并应满足__________、__________、__________。

3. 框架梁模板的安装要点

模板应按图加工、制作。通用性强的模板宜制作成定型模板。模板安装应保证混凝土结构构件各部分的形状、尺寸和相对位置准确，并应防止漏浆。

引导问题 4：模板安装应与钢筋安装配合进行，梁、柱节点的模板宜在__________后安装。

引导问题 5：模板的起拱应符合《混凝土结构工程施工规范》（GB 50666—2011）的规定，并应符合设计及施工方案的要求。对跨度不小于 4m 的梁、板，其模板起拱高度宜为梁、板跨度的________________。

4. 框架梁模板的拆除原则

引导问题 6：根据《混凝土结构工程施工规范》（GB 50666—2011）的规定，当混凝土强度达到设计要求时，方可拆除底模板及支架；当设计无具体要求时，同条件养护试件的混凝土抗压强度应符合哪些相关要求？

____

____

____

____

引导问题 7：模板拆除时，可采取______的后拆、______的先拆，先拆______模板、后拆__________模板的顺序，并应从上而下拆除。

工作计划

按照收集资料和决策的过程，编制 4.120m 梁平法施工图中框架梁模板施工方案，见表 3-8。

表 3-8　4.120m 梁平法施工图中框架梁模板施工方案

序号	工作内容	负责人
1		
2		
3		
4		
5		
6		

进行决策

讨论 4.120m 梁平法施工图中框架梁模板施工的流程和要点，决定 4.120m 梁平法施工图中框架梁模板施工技术交底的内容等，完成表 3-9 的填写。

表 3-9　4.120m 梁平法施工图中框架梁模板施工技术交底记录

工程名称			施工单位		
编　　号			交底日期		
交底部位			工序名称		
交底提要					
交底内容	一、材料要求 二、主要机具 三、作业条件 四、工艺流程 五、操作要点				
项目(专业) 技术负责人		交底人		接受交底人	

工作实施

1. 框架梁模板的类型及其特性

引导问题 8： 本工程的模板类型有哪些?

____

____

____

____

2. 框架梁模板的设计原则

引导问题 9： 针对本工程，模板及支架设计应包括哪些内容?

____

____

____

____

3. 框架梁模板的安装要点

引导问题 10：《混凝土结构工程施工规范》（GB 50666—2011）中的现浇结构模板偏差的检查项目有哪些？其检查方法有哪些？

引导问题 11： 后浇带处的模板及支架应__________设置。

4. 框架梁模板的拆除原则

引导问题 12： 对于后张预应力混凝土结构构件，侧模板宜在__________拆除；底模板支架不应在________________前拆除。

引导问题 13： 快拆支架体系的支架立杆间距不应大于____ m。拆模时应保留立杆并顶托支撑楼板，拆模时的混凝土强度可取构件跨度为____ m。

评价反馈

4.120m 梁平法施工图中框架梁模板允许偏差和检查方法评价见表 3-10。

表 3-10　4.120m 梁平法施工图中框架梁模板允许偏差和检查方法评价

序号	测定项目	允许偏差/mm	评分标准	满分	评价			综合得分
					自评	互评	师评	
1	轴线位置	5	钢尺检查	10				
2	底模板上表面标高	±5	水准仪或拉线、钢尺检查	10				
3	梁截面尺寸	+4,-5	钢尺检查	20				
4	层高垂直度(全高≤5m)	6	经纬仪或吊线、钢尺检查	25				
5	相邻两板表面高低差	2	钢尺检查	25				
6	表面平整度	5	2m 靠尺和塞尺检查	10				

相关知识点

1. 框架梁模板的组成

框架梁模板由底模板和侧模板组成。底模板承受垂直荷载，一般较厚，下面有支撑（或桁架）承托。支撑多为伸缩式，可调整高度，底部应支承在坚实的地面或楼面上，下垫木楔。如地面较松软，则必须压实，然后垫以木板，支撑的压缩变形量不得超过结构跨度的1/1000。在多层建筑施工中，应使上、下层的支撑在同一条竖向直线上，否则要采取措施保证上层支撑的荷载能传到下层支撑上。支撑之间应用水平拉杆和斜向拉杆拉紧，以增强整体稳定性。当层间高度大于5m时，宜用桁架支模板或用多层支架支模板。框架梁模板的不同类型如图3-5所示，框架梁及楼板模板如图3-6所示。

图3-5　框架梁模板的不同类型

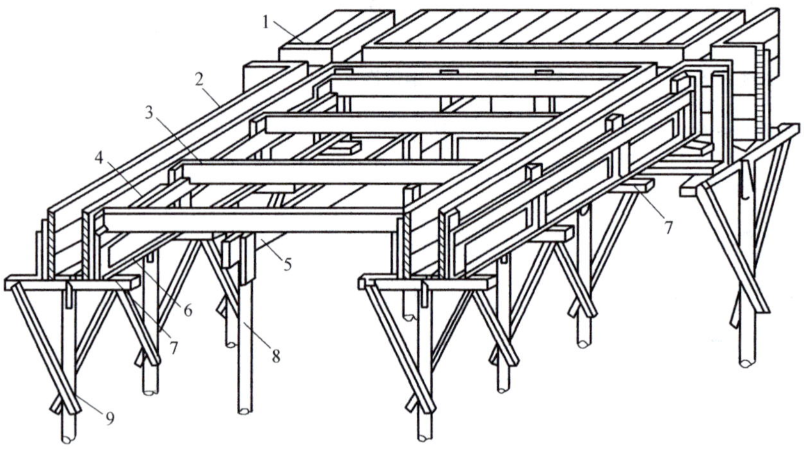

图3-6　框架梁及楼板模板

1—楼板模板　2—梁侧模板　3—次搁栅　4—横档　5—主搁栅　6—夹条　7—短撑木　8、9—支撑

梁跨度在4m或4m以上时，底模板应起拱，起拱高度如设计无具体规定时，一般为结构跨度的1/1000~3/1000，木模板可取1.5/1000~3/1000，钢模板可取1/1000~2/1000。梁侧模板承受混凝土侧压力，底部用夹条夹住，顶部可由支撑楼板模板的搁栅顶住，或用斜撑顶住。

2. 框架梁模板的设计原则

1）实用性。框架梁模板要保证构件的形状、尺寸和相互位置正确，且构造简单、支拆方便，表面应平整，接缝应严密不漏浆等。

2）安全性。框架梁模板要具有足够的强度、刚度和稳定性，保证施工中不变形、不破坏、不倒塌。

3）经济性。在确保工程质量、安全和工期的前提下，应尽量减少一次性投入，增加框架梁模板的周转效率，减少支拆用工，实现文明施工。

3. 框架梁模板的安装要点

框架梁模板及其支架的安装必须严格按照施工技术方案进行，其支架必须有足够的支撑面积，底座必须有足够的承载力。

1）模板的接缝不应漏浆，在浇筑混凝土前，木模板应浇水润湿，但模板内不应有积水。

2）模板与混凝土的接触面应清理干净并涂刷隔离剂，但不得采用影响结构性能或妨碍装饰工程的隔离剂。

3）浇筑混凝土前，模板内的杂物应清理干净。

4）对清水混凝土工程及装饰混凝土工程，应使用能达到设计效果的模板。

5）用作模板的地坪、胎模等应平整、光洁，不得产生影响构件质量的下沉、裂缝、起砂或起鼓。

6）对跨度≥4m 的梁、板，其模板应按设计要求起拱，无设计要求时起拱高度为跨度的 1/1000～3/1000。

4. 框架梁模板支架的拆除与维护

拆除框架梁模板时，可采取先支的后拆、后支的先拆，先拆非承重模板、后拆承重模板的顺序，并应从上而下拆除。当混凝土强度达到设计要求时，方可拆除底模板及支架；当设计无具体要求时，同条件养护试件的混凝土抗压强度应符合表 3-11 的规定。

表 3-11　底模板及支架拆除时的混凝土抗压强度要求

构件类型	构件跨度/m	达到设计的混凝土立方体抗压强度标准值的百分率(%)
板	≤2	≥50
	>2,≤8	≥75
	>8	≥100
梁、拱、壳	≤8	≥75
	>8	≥100
悬臂构件	—	≥100

不承重的侧模板，包括梁、柱、墙的侧模板，只要混凝土强度能保证其表面、棱角不因拆模而受损坏，即可拆除。

框架梁模板快拆支架体系的支架立杆间距不应大于 2m，拆模时，应保留立杆并顶托支撑楼板，拆模时的混凝土强度可取表 3-11 中构件跨度为 2m 时的情况。

多个楼层之间连续支模板的底层支架的拆除时间，应根据连续支模板的楼层之间的荷载分配和混凝土强度的增长情况确定。拆下的模板及支架杆件不得抛扔，应分散堆放在指定地点，并应及时清运。框架梁模板拆除后应将其表面清理干净，对变形和损伤部位应进行修复。

设计框架梁模板及支架时，应计算不同工况下的各项荷载，常见荷载应包括模板及支架自重、新浇筑混凝土自重、钢筋自重、新浇筑混凝土对模板侧面的压力、施工人员及施工设备荷载、泵送混凝土及倾倒混凝土等产生的荷载、风荷载等，各项荷载的标准值可按《混凝土结构工程施工规范》（GB 50666—2011）中的附录 A 确定。

5. 允许偏差和检查方法

对现浇结构模板，应检查尺寸，允许偏差和检查方法应符合表 3-12 的规定。

表 3-12　现浇结构模板允许偏差和检查方法

项目		允许偏差/mm	检查方法
轴线位置		5	钢尺检查
底模板上表面标高		±5	水准仪或拉线、钢尺检查
截面内部尺寸	基础	±10	钢尺检查
	柱、墙、梁	+4，-5	钢尺检查
层高垂直度	全高不大于 5m	6	经纬仪或吊线、钢尺检查
	全高大于 5m	8	经纬仪或吊线、钢尺检查
相邻两板表面高低差		2	钢尺检查
表面平整度		5	2m 靠尺和塞尺检查

任务三　现浇梁板下部扣件钢管式满堂支撑架搭设

任务描述

施工技术人员接到办公楼框架结构框架梁模板工程的任务后，根据办公楼结构施工图纸中的 4.120m 梁平法施工图，编制现浇梁板下部扣件钢管式满堂支撑架搭设方案，并按照图纸要求选用合适的支撑构件。

学习目标

通过本任务的学习，学生应达到以下目标：

1. 正确区分梁板下部满堂支撑体系的类型。

2. 在教师的指导下查阅满堂支撑体系相关资料，编制现浇梁板下部扣件钢管式满堂支撑架搭设方案。

3. 小组成员协作完成支架安装。

4. 在教师的指导下完成支架的拆除。

5. 在教师的指导下，小组成员协作完成满堂支撑体系质量检查。

任务单

现浇梁板下部扣件钢管式满堂支撑架搭设方案编制任务单见表 3-13。

表 3-13　现浇梁板下部扣件钢管式满堂支撑架搭设方案编制任务单

专业班组		班长		日期	
设计任务：现浇梁板下部扣件钢管式满堂支撑架搭设方案设计					
检查意见：					
签章：					

任务分组

现浇梁板下部扣件钢管式满堂支撑架搭设方案编制学生任务分配见表 3-14。

表 3-14　现浇梁板下部扣件钢管式满堂支撑架搭设方案编制学生任务分配

班级		组号		指导教师	
组长		学号			
组员	学号	姓名	任务分工		

获取信息

模板与其支撑体系组成模板系统。支撑体系是指支撑模板，承受模板、构件及施工中各种荷载，并使模板保持要求的空间位置的临时结构。模板与其支撑体系的施工工艺流程如图 3-7 所示。

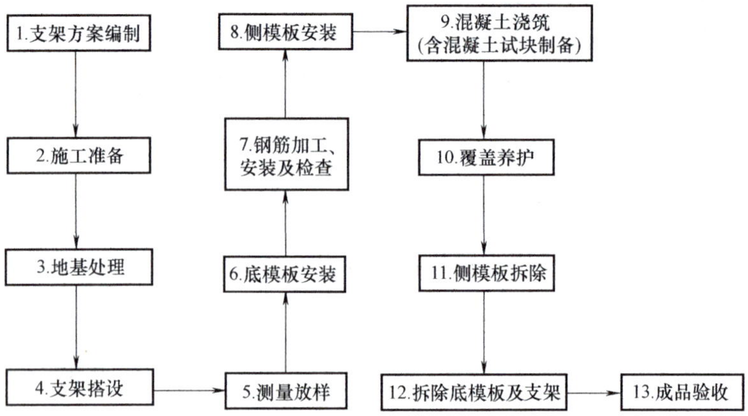

图 3-7　模板与其支撑体系的施工工艺流程

1. 扣件钢管式满堂支撑架搭设方案设计

引导问题 1： 进行扣件钢管式满堂支撑架搭设方案设计时应符合哪些规定？

模板及支架应根据__________、__________、__________、__________和__________等条件进行设计。

引导问题 2： 扣件钢管式满堂支撑架结构中钢构件的长细比是怎么规定的？

____

____

____

____

2. 扣件钢管式满堂支撑架的制作与安装

引导问题 3： 对大尺寸混凝土构件下的支架，其立杆顶部应插入可调托座。可调托座距顶部水平杆的高度不应大于______ mm，可调托座的螺杆外径不应小于______ mm，插入深度不应小于______ mm。

引导问题 4： 立杆的纵、横向间距应满足设计要求，立杆的步距不应大于______ m；顶层立杆步距应适当减小，且不应大于______ m；支架立杆的搭设垂直度偏差不宜大于______，且不应大于______ mm。

3. 模板支架质量检查

引导问题 5： 预埋插筋的中心线位置允许偏差是______ mm；预埋螺栓外露长度允许偏差是______ mm。

引导问题 6： 对固定在模板上的预埋件、预留孔和预留洞，应检查其数量和尺寸，允许偏差应符合哪些要求？

____

____

____

____

工作计划

按照收集资料和决策的过程，编制现浇梁板下部扣件钢管式满堂支撑架搭设施工方案，见表 3-15。

表 3-15　现浇梁板下部扣件钢管式满堂支撑架搭设施工方案

序号	工作内容	负责人
1		
2		
3		
4		
5		
6		
7		
8		
9		

进行决策

讨论现浇梁板下部扣件钢管式满堂支撑架搭设的流程和要点，决定现浇梁板下部扣件钢管式满堂支撑架搭设施工技术交底的内容等，完成表 3-16 的填写。

表 3-16　现浇梁板下部扣件钢管式满堂支撑架搭设施工技术交底记录

<table>
<tr><td>工程名称</td><td colspan="2"></td><td>施工单位</td><td colspan="2"></td></tr>
<tr><td>编　　号</td><td colspan="2"></td><td>交底日期</td><td colspan="2"></td></tr>
<tr><td>交底部位</td><td colspan="2"></td><td>工序名称</td><td colspan="2"></td></tr>
<tr><td>交底提要</td><td colspan="5"></td></tr>
<tr><td>交底内容</td><td colspan="5">一、材料要求

二、主要机具

三、作业条件

四、工艺流程

五、操作要点</td></tr>
<tr><td>项目(专业)
技术负责人</td><td></td><td>交底人</td><td></td><td>接受交底人</td><td></td></tr>
</table>

工作实施

1. 扣件钢管式满堂支撑架搭设方案设计

引导问题 7：针对该工程，宜采用什么样的模板支架设计？

____

____

____

____

2. 扣件钢管式满堂支撑架的制作与安装

引导问题 8：支架杆件和连接件的进场检查应符合哪些规定？

____

____

____

____

3. 扣件钢管式满堂支撑架拆除与维护

引导问题 9： 模板及支架杆件拆除后应该怎样进行维护和清理？

____

____

____

____

4. 扣件钢管式满堂支撑架质量检查

引导问题 10： 对扣件式钢管支架，应该对安装偏差进行哪些检查？

____

____

____

____

评价反馈

现浇梁板下部扣件钢管式满堂支撑架搭设偏差检查评价见表 3-17，模板上预埋件、预留孔和预留洞的允许偏差评价见表 3-18。

表 3-17 现浇梁板下部扣件钢管式满堂支撑架搭设偏差检查评价

序号	测定项目	允许偏差/mm	评分标准	满分	评价			综合得分
					自评	互评	师评	
1	混凝土梁下支架立杆间距的偏差	50	钢尺检查	25				
2	水平杆间距的偏差	50	钢尺检查	25				
3	水平杆与支架立杆连接扣件的数量	—	全数检查	25				
4	抗滑移扣件间隙	≤2	钢尺检查	25				

表 3-18 模板上预埋件、预留孔和预留洞的允许偏差评价

序号	测定项目	允许偏差/mm	评分标准	满分	评价			综合得分
					自评	互评	师评	
1	预埋钢板中心线位置	3	钢尺检查	10				
2	预埋管、预留孔中心线位置	3	钢尺检查	15				
3	插筋中心线位置	5	钢尺检查	10				
4	插筋外露长度	+10,0	钢尺检查	15				
5	预埋螺栓中心线位置	2	钢尺检查	15				
6	预埋螺栓外露长度	+10,0	钢尺检查	15				
7	预留洞中心线位置	10	钢尺检查	10				
8	预留洞截面内部尺寸	+10,0	钢尺检查	10				

相关知识点

1. 扣件钢管式满堂支撑架的设计要求

扣件钢管式满堂支撑架应根据工程结构形式、荷载大小、地基土类别、施工设备和材料供应等条件进行设计。支撑于混凝土结构构件上的扣件钢管式满堂支撑架，应按《混凝土结构设计规范》（GB 50010—2010）的有关规定对混凝土结构构件进行验算。

1）进行扣件钢管式满堂支撑架搭设方案设计时应符合下列规定：

① 扣件钢管式满堂支撑架宜采用中心传力方式。

② 当采用顶部水平杆将垂直荷载传递给立杆的传力方式时，顶层立杆应按偏心受压杆件验算承载力，且应计入搭设的垂直偏差影响。

③ 支承模板荷载的顶部水平杆可按受弯构件进行验算。

④ 支撑架构造要求以及扣件抗滑移承载力验算，可按《建筑施工扣件式钢管脚手架安全技术规范》（JGJ 130—2011）的有关规定执行。

2）扣件钢管式满堂支撑架钢构件的长细比不应超过表 3-19 的规定。

表 3-19　扣件钢管式满堂支撑架钢构件的长细比允许值

构件类别	长细比允许值
受压构件的支架立柱及桁架	180
受压构件的斜撑、剪刀撑	200
受拉构件的钢杆件	350

2. 扣件钢管式满堂支撑架的制作与安装

采用扣件式钢管作为高大模板支架的立杆时，支架搭设应完整，并应符合下列规定：

1）钢管的规格、间距和扣件安装应符合设计要求。

2）立杆上应每步设置双向水平杆，水平杆应与立杆扣接。

3）立杆底部应设置垫板。

4）对大尺寸混凝土构件下的支架，其立杆顶部应插入可调托座。可调托座距顶部水平杆的高度不应大于 600mm，可调托座的螺杆外径不应小于 36mm，插入深度不应小于 180mm。

5）立杆的纵、横向间距应满足设计要求，立杆的步距不应大于 1.8m；顶层立杆步距应适当减小，且不应大于 1.5m；支架立杆的搭设垂直度偏差不宜大于 5/1000，且不应大于 100mm。

6）在立杆底部的水平方向上应按“纵下横上”的顺序设置扫地杆。

7）承受模板荷载的水平杆与支架立杆之间的连接扣件，其紧固扭矩不应小于 40N · m，且不应大于 65N · m。

3. 扣件钢管式满堂支撑架质量检查

1）模板、支架杆件和连接件的进场检查应符合下列规定：

① 模板表面应平整；胶合板模板的胶合层不应脱胶、翘角；支架杆件应平直，应无严重变形和锈蚀；连接件应无严重变形和锈蚀，并不应有裂纹。

② 模板的规格，支架杆件的直径、壁厚等，应符合设计要求。

③ 对在施工现场组装的模板，其组成部分的外观和尺寸应符合设计要求。

④ 必要时，应对模板、支架杆件和连接件的力学性能进行抽样检查。

⑤ 对模板、支架杆件和连接件的外观，应在进场时和周转使用前全数检查。

⑥ 模板、支架杆件和连接件的尺寸和力学性能可按国家现行有关标准的规定进行抽样检查。

2）对固定在模板上的预埋件、预留孔和预留洞，应检查其数量和尺寸，允许偏差应符合表 3-20 的规定。

表 3-20　固定在模板上的预埋件、预留孔和预留洞的允许偏差

项目		允许偏差/mm
预埋钢板中心线位置		3
预埋管、预留孔中心线位置		3
插筋	中心线位置	5
	外露长度	+10,0
预埋螺栓	中心线位置	2
	外露长度	+10,0
预留洞	中心线位置	10
	截面内部尺寸	+10,0

3）扣件钢管式满堂支撑架应对下列安装偏差进行检查：

① 混凝土梁下支架立杆间距的偏差不应大于 50mm，混凝土板下支架立杆间距的偏差不应大于 100mm；水平杆间距的偏差不应大于 50mm。

② 应全数检查承受模板荷载的水平杆与支架立杆连接扣件的数量。

③ 采用双扣件构造设置的抗滑移扣件，其上下顶紧程度应全数检查，扣件间隙不应大于 2mm。

任务四　框架梁钢筋施工

任务描述

施工技术人员接到办公楼框架结构框架梁钢筋工程的任务后，根据办公楼结构施工图纸中的 4.120m 梁平法施工图，编制框架梁钢筋工程施工方案。

学习目标

通过本任务的学习，学生应达到以下目标：

1. 正确选用纵向受力钢筋的类型。
2. 小组成员协作完成钢筋的下料计算。
3. 在教师的指导下完成钢筋的连接与安装。
4. 在教师的指导下查阅相关资料，编制框架梁钢筋工程施工方案。
5. 在教师的指导下，小组成员协作完成钢筋质量检查。

任务单

框架梁钢筋工程施工方案编制任务单见表 3-21。

表 3-21　框架梁钢筋工程施工方案编制任务单

专业班组		班长		日期	
设计任务：框架梁钢筋工程施工方案编制					
检查意见：					
签章：					

任务分组

框架梁钢筋工程施工方案编制学生任务分配见表 3-22。

表 3-22　框架梁钢筋工程施工方案编制学生任务分配

班级		组号		指导教师	
组长		学号			
组员	学号	姓名	任务分工		

获取信息

钢筋分项工程是钢筋混凝土工程中最重要的分项工程，施工重点在于过程控制，控制的主要内容有钢筋进场检验、钢筋下料计算、钢筋加工、钢筋施工、钢筋隐蔽工程验收等方面。

框架梁钢筋施工工艺流程如图 3-8 所示。

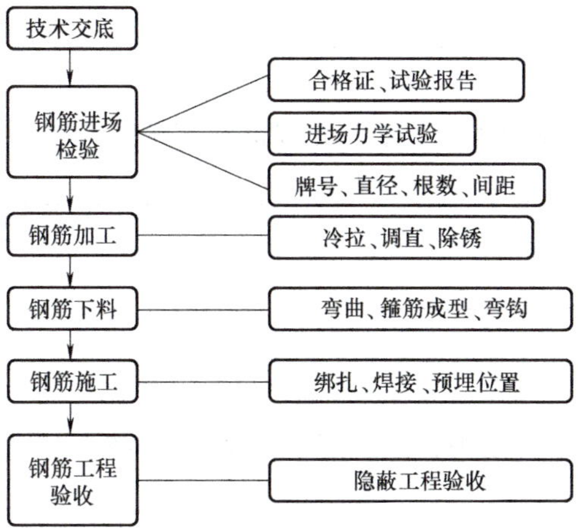

图 3-8　框架梁钢筋施工工艺流程

1. 材料要求

引导问题 1： 按一级、二级、三级抗震等级设计的框架和斜撑构件（含梯段）中的纵向受力钢筋，其强度和最大力下总伸长率的实测值应符合哪些规定？质量偏差应符合哪些规定？

____

____

____

____

2. 框架梁钢筋加工

引导问题 2： 钢筋加工包括哪些内容？用于框架梁的光圆钢筋的冷拉率和带肋钢筋的冷拉率分别是如何规定的？钢筋连接的方式有哪些？

____

____

____

____

引导问题 3：直钢筋、弯起钢筋、箍筋下料长度分别是怎样确定的？

引导问题 4：钢筋代换有哪些原则？

引导问题 5：钢筋加工都有哪些方法？钢筋除锈有哪些方法？

3. 框架梁钢筋连接与安装

引导问题 6：同一连接区段内，纵向受拉钢筋绑扎搭接接头面积百分率应符合哪些规定？

引导问题 7：连续梁、板的上部钢筋、下部钢筋的接头位置是怎样规定的？板、次梁与主梁交叉处的钢筋应该怎样布置？

4. 框架梁钢筋质量检验

引导问题 8：成型钢筋进场时，应检查成型钢筋的质量证明书及成型钢筋所用材料的检验合格报告，并应抽样检验成型钢筋的__________、__________、__________。检验批量可由合同约定，同一工程、同一原材料来源、同一组生产设备生产的成型钢筋，检验批量不宜大于__________ t。

工作计划

按照收集资料和决策的过程，编制框架梁钢筋工程施工方案，见表 3-23。

表 3-23　框架梁钢筋工程施工方案

序号	工作内容	负责人
1		
2		
3		
4		
5		
6		

进行决策

讨论框架梁钢筋工程施工的流程和要点，决定框架梁钢筋工程施工技术交底的内容等，完成表 3-24 的填写。

表 3-24　框架梁钢筋工程施工技术交底记录

<table>
<tr><td>工程名称</td><td colspan="2"></td><td>施工单位</td><td colspan="2"></td></tr>
<tr><td>编　　号</td><td colspan="2"></td><td>交底日期</td><td colspan="2"></td></tr>
<tr><td>交底部位</td><td colspan="2"></td><td>工序名称</td><td colspan="2"></td></tr>
<tr><td>交底提要</td><td colspan="5"></td></tr>
<tr><td>交底内容</td><td colspan="5">一、材料要求

二、主要机具

三、作业条件

四、工艺流程

五、操作要点</td></tr>
<tr><td>项目(专业)
技术负责人</td><td></td><td>交底人</td><td></td><td>接受交底人</td><td></td></tr>
</table>

工作实施

1. 材料要求

引导问题 9：针对本工程，钢筋进场时应符合哪些规定？

____

____

____

____

2. 框架梁钢筋加工

引导问题 10：光圆钢筋末端应有 180°弯钩，弯钩的弯后平直部分长度不应小于钢筋直径的______倍。

引导问题 11：对一般结构构件，箍筋弯钩的弯折角度不应小于______，弯折后平直部分长度不应小于箍筋直径的______倍；对有抗震设防及设计有专门要求的结构构件，箍筋弯钩的弯折角度不应小于______。

3. 框架梁钢筋连接与安装

引导问题 12：钢筋的接头宜设置在受力较小处。同一纵向受力钢筋不宜设置两个或两个以上的接头。接头末端至钢筋弯起点的距离不应小于钢筋公称直径的______倍。

引导问题 13：同一连接区段内，纵向受力钢筋接头面积百分率为____。

引导问题 14：纵向受力钢筋绑扎搭接接头连接区段的长度应为__________，凡搭接接头中点位于该连接区段长度内的搭接接头，均应属于同一连接区段。同一连接区段内，梁、板类构件的纵向受拉钢筋绑扎搭接接头面积百分率不宜超过______。

引导问题 15：构件交接处的钢筋位置应符合设计要求。当设计无要求时，应优先保证________________________钢筋位置。梁类构件的复合箍筋内部宜选用______箍筋。

4. 框架梁钢筋质量检验

引导问题 16：钢筋接头的位置应符合设计和施工方案要求。有抗震设防要求的结构中，梁端、柱端箍筋加密区范围内不应进行钢筋搭接。接头末端至钢筋弯起点的距离不应小于钢筋直径的__________倍。

引导问题 17：钢筋安装时，受力钢筋的牌号、规格和数量必须符合设计要求。检查数量为__________检查。

引导问题 18：钢筋应安装牢固。受力钢筋的安装位置、锚固方式应符合设计要求。检查数量为____检查。检验方法为__________和__________。

评价反馈

框架梁钢筋安装偏差检查评价见表 3-25。

表 3-25　框架梁钢筋安装偏差检查评价

序号	测定项目	允许偏差/mm	评分标准	满分	评价			综合得分
					自评	互评	师评	
1	绑扎钢筋骨架(长)	±10	钢尺检查	10				
2	绑扎钢筋骨架(宽、高)	±5	钢尺检查	10				
3	纵向受力钢筋(长度)	±20	全数检查	10				
4	纵向受力钢筋(间距)	±10	钢尺检查	10				
5	纵向受力钢筋(排距)	±5	钢尺检查	10				
6	钢筋保护层厚度(梁)	±5	钢尺检查	10				
7	箍筋、横向钢筋间距	±20	钢尺检查	10				
8	钢筋弯起点位置	20	钢尺检查	10				
9	预埋件中心线位置	5	钢尺检查	10				
10	预埋件水平高差	+3,0	塞尺检查	10				

相关知识点

1. 材料要求

对有抗震设防要求的结构，其纵向受力钢筋的性能应满足设计要求；当设计无具体要求时，对按一级、二级、三级抗震等级设计的框架和斜撑构件（含梯段）中的纵向受力钢筋，应采用 HRB335E、HRB400E、HRB500E、HRBF335E、HRBF400E 或 HRBF500E 钢筋，其强度和最大力下总伸长率的实测值应符合下列规定：

1）钢筋的抗拉强度实测值与屈服强度实测值的比值不应小于 1.25。

2）钢筋的屈服强度实测值与屈服强度标准值的比值不应大于 1.30。

3）钢筋的最大力下总伸长率不应小于 9%。

当需要进行钢筋代换时，应办理设计变更文件。

2. 框架梁钢筋加工

（1）钢筋的调直和除锈

钢筋加工包括调直、除锈、下料切断、接长、弯曲成型等。

钢筋宜采用无延伸功能的机械设备进行调直，也可采用冷拉方法调直。当采用冷拉方法调直时，HPB300 光圆钢筋的冷拉率不宜大于 4%；HRB335、HRB400、HRB500、HRBF400、HRBF500 及 RRB400 带肋钢筋的冷拉率不宜大于 1%。钢筋调直过程中不应损伤带肋钢筋的横肋。调直后的钢筋应平直，不应有局部弯折。

钢筋除锈既可以在钢筋冷拉或调直过程中除锈，也可采用除锈机除锈、喷砂除锈、酸洗除锈和人工除锈等方式除锈（图 3-9）。

图 3-9 钢筋的除锈工艺

（2）钢筋下料长度

直钢筋、弯起钢筋、箍筋的下料长度计算式分别如下：

直钢筋下料长度=构件长度-保护层厚度+弯钩增加长度

弯起钢筋下料长度=直段长度+斜段长度-弯曲调整值+弯钩增加长度

箍筋下料长度=箍筋周长+箍筋调整值

上述钢筋如需搭接，还要增加钢筋搭接长度。

（3）钢筋并筋

直径 28mm 及以下的钢筋，并筋数量不应超过 3 根；直径 32mm 钢筋的并筋数量宜为 2 根；直径 36mm 及以上的钢筋不应采用并筋。并筋应按单根等效钢筋计算，等效钢筋的等效直径应按截面面积相等的原则换算确定。

（4）钢筋代换

钢筋代换时，应征得设计单位的同意（一般应征得设计单位同意），相应费用按有关合同规定收取，并办理相应手续。钢筋代换除应满足设计要求的构件承载力、最大力下总伸长率、裂缝宽度验算以及抗震规定外，还应满足最小配筋率、钢筋间距、保护层厚度、钢筋锚固长度、接头面积百分率及搭接长度等的要求。

1）等强度代换。当构件配筋受强度控制时，可进行等强度代换。

2）等面积代换。当构件按最小配筋率配筋时，可进行等面积代换。

3）等构造代换。当构件受裂缝宽度或挠度控制时，代换前后应进行裂缝宽度和挠度验算。

（5）箍筋、拉筋的构造要求

箍筋、拉筋的末端除焊接封闭箍筋外，箍筋、拉筋的末端应按设计要求制作弯钩。当设计无具体要求时，应符合下列规定：

1）箍筋、拉筋弯钩的弯弧内直径应符合《混凝土结构工程施工规范》（GB 50666—2011）第 5.3.5 条的规定。

2）对一般结构构件，箍筋弯钩的弯折角度不应小于 90°，弯折后平直部分长度不应小于箍筋直径的 5 倍；对有抗震设防及设计有专门要求的结构构件，箍筋弯钩的弯折角度不应小于135°，弯折后平直部分长度不应小于箍筋直径的10倍和75mm中的较大值。

3）圆柱箍筋的搭接长度不应小于钢筋的锚固长度，两末端均应有135°弯钩，弯折后平直部分长度对一般结构构件不应小于箍筋直径的5倍，对有抗震设防要求的结构构件不应小于箍筋直径的10倍。

4）拉筋两端弯钩的弯折角度均不应小于135°，弯折后平直部分长度不应小于拉筋直径的10倍。

3. 框架梁钢筋连接与安装

（1）钢筋连接

钢筋连接的方式有焊接、机械连接、绑扎连接三种（图3-10）。

1）焊接的方法主要包括闪光对焊、电弧焊、电渣压力焊、氧乙炔焊、埋弧压力焊和点焊等。直接承受动力荷载的结构构件中，纵向钢筋不宜采用焊接接头。

2）机械连接主要包括钢筋套筒挤压连接、钢筋直螺纹套筒连接（包括钢筋镦粗直螺纹套筒连接、钢筋剥肋辊压直螺纹套筒连接），适用的钢筋牌号为HRB335、HRB400、RRB400，适用的钢筋直径通常为16~50mm。

3）绑扎连接。采用绑扎连接时应注意，受拉钢筋直径大于25mm、受压钢筋直径大于28mm时，不宜采用绑扎搭接接头。轴心受拉及小偏心受拉杆件的纵向受力钢筋和直接承受动力荷载结构中的纵向受力钢筋均不得采用绑扎搭接接头。

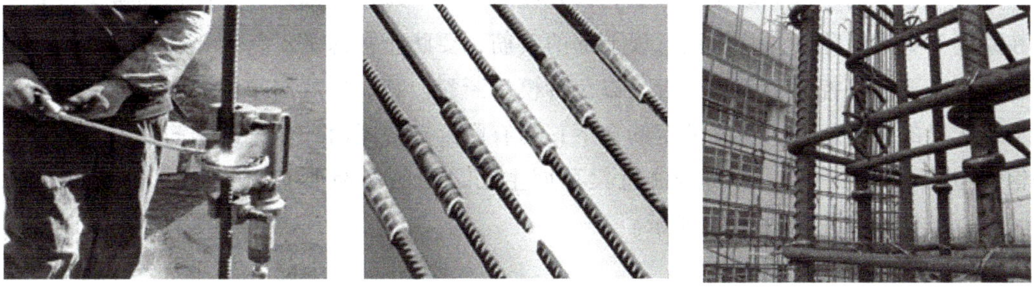

图3-10　钢筋的连接方式

（2）钢筋的接头

钢筋接头位置宜设置在受力较小处，同一纵向受力钢筋不宜设置两个或两个以上的接头，接头末端至钢筋弯起点的距离不应小于钢筋直径的10倍。构件同一截面内的钢筋接头数量应符合设计和规范要求。在施工现场，应按国家现行标准抽取钢筋机械连接接头试件、焊接接头试件做力学性能检验，其质量应符合有关标准的规定。

（3）钢筋的绑扎搭接

纵向受力钢筋绑扎搭接接头连接区段的长度应为1.3l（l为搭接长度），如图3-11所示凡搭接接头中点位于该连接区段长度内的搭接接头均应属于同一连接区段。同一连接区段内，纵向受力钢筋接头面积百分率为该区段内有接头的纵向受力钢筋截面面积与全部纵向受力钢筋截面面积的比值。同一连接区段内，纵向受拉钢筋绑扎搭接接头面积百分率应符合下列规定：

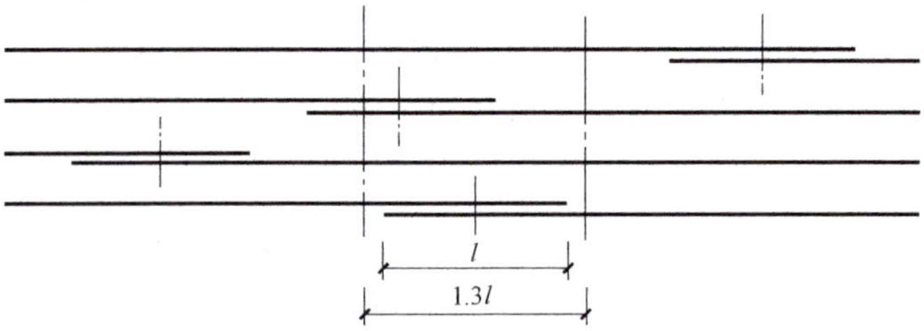

图 3-11　钢筋的绑扎搭接

1）梁、板类构件不宜超过 25%，基础筏板不宜超过 50%。

2）柱类构件，不宜超过 50%。

3）当工程中确有必要增大接头面积百分率时，对梁类构件，不应大于 50%。

对其他构件，可根据实际情况适当放宽。

（4）钢筋绑扎的细部构造应符合下列规定：

1）钢筋的绑扎搭接接头应在接头中心和两端用钢丝扎牢。

2）墙、柱、梁钢筋骨架中各垂直面钢筋网的交叉点应全部扎牢；板上部钢筋网的交叉点应全部扎牢，底部钢筋网除边缘部分外，可间隔交错扎牢。

（5）梁、板钢筋绑扎

连续梁、板的上部钢筋接头位置宜设置在跨中 1/3 跨度范围内，下部钢筋接头位置宜设置在梁端 1/3 跨度范围内。应注意板上部的负筋，要防止被踩下；特别是雨篷、挑檐、阳台等悬臂板，要严格控制负筋的位置，以免拆模后断裂。板、次梁与主梁的交叉处，板的钢筋在上，次梁的钢筋居中，主梁的钢筋在下；当有圈梁或垫梁时，主梁的钢筋在上。框架节点处钢筋穿插十分稠密时，应特别注意梁顶面主筋之间的净距要有 30mm，以利于浇筑混凝土。梁、板钢筋绑扎如图 3-12 所示。

图 3-12　梁、板钢筋绑扎

4. 框架梁钢筋质量检查

钢筋进场时应按下列规定进行质量检查：

1）应检查生产企业的生产许可证及钢筋质量证明书。

2）应按国家现行有关标准的规定抽样检验屈服强度、抗拉强度、伸长率及单位长度质量偏差，屈服强度、抗拉强度、伸长率指标应符合《混凝土结构工程施工规范》（GB 50666—2011）第 5. 2. 1 条和 5. 2. 2 条的有关规定，单位长度质量偏差应符合上述规范中表 5. 5. 1 的规定。

3）经产品认证符合要求的钢筋，其检验批数量可扩大一倍。在同一工程项目中，同一厂家、同一牌号、同一规格的钢筋连续三次进场检验均合格时，其后的检验批数量可扩大一倍。

学习情境 4　钢筋混凝土现浇板施工

学习情境描述

某现代农业园区办公楼工程，为企业内部行政办公用房，属多层建筑，总建筑面积 4201.32m^2，建筑占地面积 1053.84m^2，建筑高度 17.40m，地上四层，一层层高 3.9m，二层、三层层高 3.6m，顶层层高 3.9m。建筑结构形式采用钢筋混凝土框架结构，现浇混凝土板，建筑设计使用年限为 50 年。

现要求施工技术人员按照办公楼施工图纸和规范要求完成办公楼现浇板的施工及质量验收。

任务一　现浇板施工图识读

任务描述

施工技术人员拿到办公楼项目的建筑施工图纸、结构施工图纸，在其“4.120m 板施工图”（图 4-1）中有说明：结构板面标高除特殊注明外均为 4.120m；无特殊标注的板厚均为

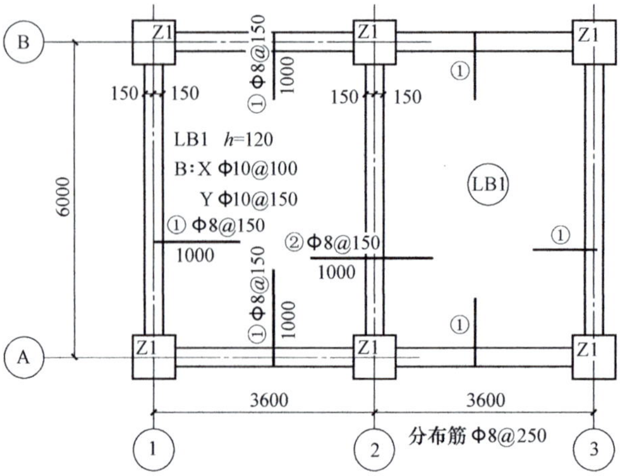

图 4-1　现浇板施工图（4.120m 板施工图）

120mm，未标注的板底钢筋均为Φ 10@ 200mm；外墙边梁线角、挑耳的定位与细部尺寸均在施工图中；所有外露混凝土构件的水平尺寸超过 8m 时，均设伸缩缝，缝宽 20mm。通过图纸的识读，正确了解钢筋混凝土现浇板的构造特点，掌握结构中各部分尺寸与空间关系，为后续板的施工提供正确、有效的保证与支撑。

学习目标

通过本任务的学习，学生应达到以下目标：

1. 正确识读现梁板的跨度、厚度、混凝土强度等级、保护层厚度及板与支座的相对关系等内容。

2. 正确识读现梁板的编号、集中标注。

3. 正确识读现梁板的集中标注、原位标注，钢筋的种类，以及受力筋与构造筋的形状、规格、尺寸、间距。

任务单

现浇板施工图识读任务单见表 4-1。

表 4-1　现浇板施工图识读任务单

专业班组		班长		日期	
识图任务：现浇板施工图识读					
检查意见：					
签章：					

任务分组

现浇板施工图识读学生任务分配见表 4-2。

表 4-2　现浇板施工图识读学生任务分配

班级		组号		指导教师	
组长		学号			
组员	学号	姓名	任务分工		

获取信息

引导问题 1：现浇板在钢筋混凝土构件中属于受弯构件，现浇板中的钢筋有哪几种？

引导问题 2：现浇板中受力筋和分布筋的特点分别是什么？

工作计划

按照收集资料和决策的过程，制订现浇板施工图识读方案，见表 4-3。

表 4-3 现浇板施工图识读方案

序号	工作内容	负责人
1		
2		
3		
4		
5		

进行决策

讨论平面整体表示方法制图规则，决定现浇板的跨度、厚度、混凝土强度等级、保护层厚度、与支座的关系、编号、原位标注方式，以及钢筋的种类，受力筋与构造筋的形状、规格、尺寸、间距等，完成表 4-4 的填写。

表 4-4　现浇板施工图图纸交底

<table>
<tr><td>工程名称</td><td colspan="2"></td><td>施工单位</td><td colspan="2"></td></tr>
<tr><td>编　　号</td><td colspan="2"></td><td>交底日期</td><td colspan="2"></td></tr>
<tr><td>交底部位</td><td colspan="2"></td><td>工序名称</td><td colspan="2"></td></tr>
<tr><td>交底提要</td><td colspan="5"></td></tr>
<tr><td>交底内容</td><td colspan="5">一、图纸要求

二、识读工具

三、识读条件

四、识读流程

五、识读要点</td></tr>
<tr><td>项目(专业)
技术负责人</td><td></td><td>交底人</td><td></td><td>接受交底人</td><td></td></tr>
</table>

工作实施

识读图 4-1 现浇板施工图，完成表 4-5 的填写。

表 4-5　现浇板施工图识读步骤

序号	识读步骤	内容	详细操作信息
1			
2			
3			
4			

评价反馈

现浇板施工图识读任务评价见表 4-6。

表 4-6　现浇板施工图识读任务评价

序号	测定项目	评分标准	满分	评价			综合得分
				自评	互评	师评	
1	板的尺寸识读	完全准确	20				
2	保护层尺寸识读	完全准确	25				
3	集中标注识读	完全准确	25				
4	钢筋种类与尺寸识读	完全准确	30				

相关知识点

识读现浇板施工图的要点：

（1）板的跨度、厚度、混凝土强度等级、保护层厚度及与支座的关系

首先要识读懂板的跨度、厚度、混凝土强度等级等基本设计信息。本工程中现浇板的最

小混凝土保护层厚度是 15mm。此外，纵向受力钢筋的混凝土保护层最小厚度（从钢筋外边缘到混凝土表面的距离）不应小于钢筋的公称直径。要注意的是，保护层厚度和钢筋的锚固长度、混凝土强度等级、抗震等级等都有关系。在施工图中的设计说明部分，一般会有对钢筋锚固长度的要求，要仔细识读。

（2）板的编号

板的编号按表 4-7 的规定执行。

表 4-7　板的编号

板的类型	代号	序号
楼面板	LB	××
屋面板	WB	××
悬挑板	XB	××

（3）板的集中标注

板的集中标注的内容为：板的编号、厚度、贯通纵筋，以及当板面标高不相同时的标高高差。

1）对于普通楼面，两向均以一跨为一板块；对于密肋楼盖，两向主梁（框架梁）均以一跨为一板块（非主梁的密肋不计）。所有板应逐一编号，相同编号的板可择其一做集中标注，其他仅注写置于圆圈内的板编号及当板面标高不相同时的标高高差。

2）板厚注写为 h=×××（垂直于板面的厚度）。当悬挑板的端部改变截面厚度时，用斜线分隔根部与端部的高度值，注写为 h=×××/×××。当设计已在图注中统一注明板厚时，此项可不注。

3）贯通纵筋按板的下部和上部分别注写（当板块上部不设贯通纵筋时则不注），并以 B 代表下部，以 T 代表上部，B&T 代表下部与上部。x 方向贯通纵筋以 X 打头注写，y 方向贯通纵筋以 Y 打头注写，两向贯通纵筋配置相同时则以 X&Y 打头注写。当为单向板时，另一方向贯通的分布筋可不必注写，而在图中统一注明。当在某些板内（例如在延伸悬挑板 YXB 或纯悬挑板的 XB 下部）配置有构造钢筋时，x 方向以 X_c 打头注写，y 方向以 Y_c 打头注写。当 y 方向采用放射配筋时，切向为 x 方向，径向为 y 方向，设计图中应注明配筋间距的度量位置。当板的悬挑部分与跨内板有高差且低于跨内板时，可将悬挑部分设计为纯悬挑板 XB。

4）板面标高不相同时的标高高差是指相对于结构层楼面标高的高差，应将其注写在括号里。

（4）板的原位标注

板的原位标注内容为板支座上部非贯通纵筋和悬挑板上部受力钢筋的相关信息。

（5）钢筋的种类，受力筋与构造筋的形状、规格、尺寸、间距

现浇板内钢筋一般有纵向受拉钢筋与分布钢筋两种。板的纵向受拉钢筋常用 HPB300、HRB335 和 HRB400 钢筋，常用直径是 8mm、10mm 和 12mm，其中现浇板的板面钢筋直径不

宜小于 8mm。纵向受拉钢筋的间距一般为 70~200mm；当板厚 $h \leq 150$mm 时，间距不宜大于 200mm；当板厚 $h>150$mm 时，间距不宜大于 $1.5h$，且不应大于 250mm。板的预留洞口四周要配置构造钢筋。

楼板的上部钢筋，双层布筋时应设置上部贯通纵筋；单层布筋时不设上部贯通纵筋，而设置上部非贯通纵筋（即负筋）。对于上部贯通纵筋来说，同样存在双向布筋和单向布筋的区别。对于上部非贯通纵筋来说，需要布置分布钢筋。图 4-2 为双层布筋现浇板钢筋相互位置示意图。

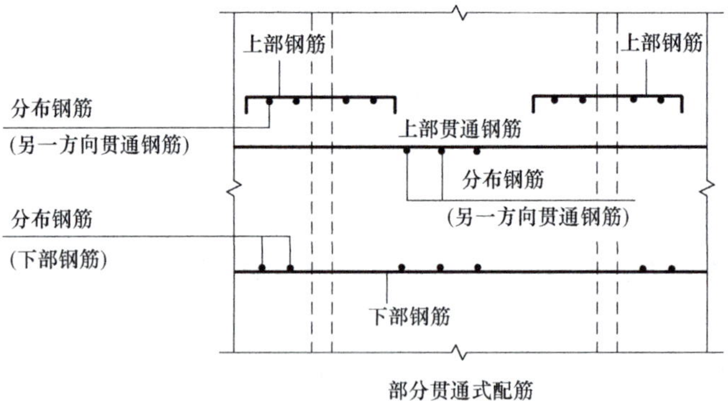

图 4-2　双层布筋现浇板钢筋相互位置示意

板的负筋在支座处的锚固尺寸根据混凝土设计规范确定，施工时应该严格执行。原位标注中，负筋长度尺寸为伸至支座中心线的尺寸。

任务二　现浇板模板施工

任务描述

施工技术人员在完成施工图识读之后，准备开始现浇板模板施工。首先要进行的是现浇板模板安装。

学习目标

通过本任务的学习，学生应达到以下目标：

1. 根据图纸进行合理配料，能按正确的顺序和方法安装模板。
2. 安装完成后的模板牢固严密、尺寸精确。
3. 能对模板工程进行验收和评定。

任务单

现浇板模板安装任务单见表 4-8。

表 4-8　现浇板模板安装任务单

<table>
<tr><td>专业班组</td><td></td><td>班长</td><td></td><td>日期</td><td></td></tr>
<tr><td colspan="6">任务:现浇板模板安装</td></tr>
<tr><td colspan="6">检查意见:</td></tr>
<tr><td colspan="6">签章:</td></tr>
</table>

任务分组

现浇板模板安装学生任务分配见表 4-9。

表 4-9　现浇板模板安装学生任务分配

<table>
<tr><td>班级</td><td></td><td>组号</td><td></td><td>指导教师</td><td></td></tr>
<tr><td>组长</td><td></td><td>学号</td><td colspan="3"></td></tr>
<tr><td rowspan="5">组员</td><td>学号</td><td>姓名</td><td colspan="3">任务分工</td></tr>
<tr><td></td><td></td><td colspan="3"></td></tr>
<tr><td></td><td></td><td colspan="3"></td></tr>
<tr><td></td><td></td><td colspan="3"></td></tr>
<tr><td></td><td></td><td colspan="3"></td></tr>
</table>

获取信息

引导问题 1：现浇板模板一般面积大而厚度不大，现浇板模板及支撑系统要保证能承受混凝土____________和____________，保证板不变形、不下垂。按照工程的实际施工顺序，现浇板模板施工前的第一个任务是准备工作，主要包括施工图识读、现场材料和施工机具的准备。

引导问题 2： 现浇板施工图的识读要点有哪些？

____

____

引导问题 3： 现浇板模板主要由__________系统和__________系统组成。一些现浇板模板形式如图 4-3~图 4-5 所示。

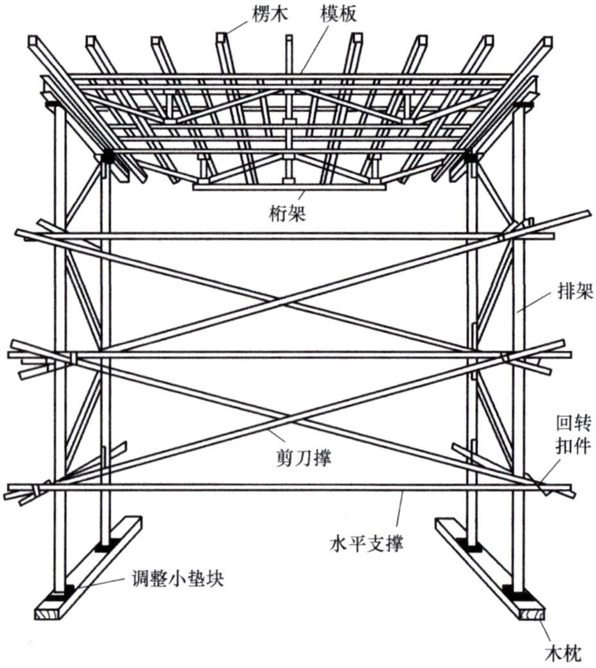

图 4-3　桁架支设模板形式

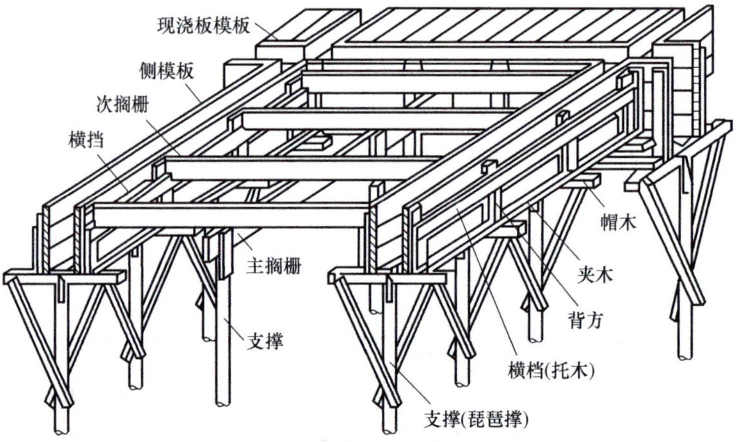

图 4-4　肋形楼盖木模板形式

图 4-5　钢管支撑系统模板形式

现浇板模板与混凝土直接接触，它主要使混凝土具有所要求的形状、尺寸，按部位不同分为底模板和侧模板两部分。现浇板模板的支撑系统是指用于支撑模板，保证模板位置正确和承受模板、混凝土质量的结构。

引导问题 4： 现浇板模板按所用的材料不同，分为__________模板、__________模板、__________板、__________模板等。在实际工程中，现浇板模板主要采用__________模板、竹胶板，本次任务使用竹胶板。

引导问题 5： 现浇板模板施工，首先进行配板设计，配板设计可在编号后对每一个平面进行设计，配板设计的步骤为：

____

____

____

____

____

____

____

引导问题 6： 现浇板模板的支撑按所用材料不同，分为：

____

____

____

____

____

工作计划

按照收集资料和决策的过程，制定现浇板模板安装施工方案，见表 4-10。

表 4-10　现浇板模板安装施工方案

序号	工作内容	负责人
1		
2		
3		
4		

进行决策

讨论并确定现浇板模板的选材，同时确定以什么支撑进行模板施工；确定施工方案与施工步骤，进行现浇板的模板安装施工。

工作实施

制订现浇板模板施工计划，完成表 4-11 的填写。

表 4-11　现浇板模板施工计划交底记录

<table>
<tr><td>工程名称</td><td colspan="2"></td><td colspan="2">施工单位</td><td></td></tr>
<tr><td>编　　号</td><td colspan="2"></td><td colspan="2">交底日期</td><td></td></tr>
<tr><td>交底部位</td><td colspan="2"></td><td colspan="2">工序名称</td><td></td></tr>
<tr><td>交底提要</td><td colspan="5"></td></tr>
<tr><td>交底内容</td><td colspan="5">一、材料要求
二、主要机具
三、作业条件
四、工艺流程
五、操作要点</td></tr>
<tr><td>项目(专业)
技术负责人</td><td></td><td>交底人</td><td></td><td>接受交底人</td><td></td></tr>
</table>

评价反馈

现浇板模板施工任务评价见表 4-12。

表 4-12　现浇板模板施工任务评价

序号	测定项目	评分标准	满分	评价			综合得分
				自评	互评	师评	
1	模板类型确定	完全准确	15				
2	模板位置确定	完全准确	20				
3	模板支护方案确定	完全准确	20				
4	模板施工过程	完全准确	25				
5	模板检查	完全准确	20				

相关知识点

1. 现浇板模板工艺流程

弹门架立柱位置线→铺设通长脚手板→安装底座→插接第一步门架→安装交叉拉杆→安装水平架→插接第二步门架→安装交叉拉杆→安装水平架→安装可调顶托→铺设大方木→铺设小方木→铺现浇板底模板→钢钉固定→接缝粘贴塑料胶条

2. 现浇板模板施工要点

1）首先在楼板面（首层地面）上弹出门架立柱位置线，以控制立柱安装位置。

2）为确保基底具有足够的承载力，在脚手架荷载作用下不发生塌陷和明显的不均匀沉降，首层基底必须仔细夯实、抄平，其上再加设通长脚手板（垫木），脚手板的铺设位置与下层立柱中心线相匹配。

3）在通长脚手板上拉线，将底座放置在通长脚手板上，再在底座上插第一步门架，本层底座位置要与下层立柱位置相匹配。在脚手架的下部加设通长大横杆（ϕ48mm 脚手管，用异径扣件与门架连接），并不少于 3 步，且内外侧均需设置。

4）门架安装完成并扶正后，连接交叉拉杆。当门架高度≤45m 时，水平架可两步设一道；当门架高度>45m 时，水平架必须每步设置（水平架可用挂扣式脚手板替代），之间的连接应可靠。

因作业需要而要临时拆除脚手架内侧的交叉拉杆时，应先在该层里侧上部加设大横杆，之后再拆除交叉拉杆。作业完毕后应立即将交叉拉杆重新装上，并将大横杆移到下一作业层或上一作业层上。整片脚手架必须适量设置水平加固杆（即大横杆），前三层宜隔层设置，三层以上则每隔 3~5 层设置一道。

5）门架安装完毕，最后安装可调顶托，按模板底标高调好顶托的高度位置。

6）大方木垂直单片门架放于顶托之上，小方木垂直大方木布置，小方木间距为200~300mm，纵向搭接长度为200~300mm。竹胶板长度方向垂直小方木纵向铺设，周边用钢钉固定于小方木上，间距不大于300mm，中间钢钉间距不大于450mm。钢钉以进入木材10~15mm深度为宜，钉帽应与板面持平。

7）为保证模板接缝严密不漏浆，竹胶板的接缝处要用塑料胶条粘牢。

8）待现浇板钢筋绑扎完后，拉对角小线，根据起拱要求调整中部顶托。要严格控制首层门架的垂直度和水平度。门架安装完成后要逐片地、仔细地调整好，使门架竖杆在两个方向的垂直偏差都控制在2mm以内，门架顶部的水平偏差控制在5mm以内。随后在门架的顶部和底部用大横杆和扫地杆固定。

3. 现浇板模板质量通病分析及预防

现浇板模板施工通常出现的质量通病有模板中部下挠、不易拆模、板底混凝土不平等，具体分析如下：

1）现浇板模板中部下挠，是因为模板下支撑底部不牢，混凝土浇筑过程中荷载不断增加，支撑下沉。支撑如撑在软地上，必须将地面预先夯实，并铺设通长垫木，必要时垫木下再加垫横板，以增加支撑在地面上的接触面积，保证在混凝土施工荷载作用下不发生下沉。

2）梁边模板嵌入梁内不易拆除，是因为将现浇板模板铺钉在了梁的侧模板上面，甚至略伸入梁模板内，浇筑混凝土后，现浇板模板吸水膨胀，梁模板也略有膨胀，造成边缘模板嵌牢在混凝土内。现浇板模板应拼铺到梁的侧模板外口齐平，避免模板嵌入梁混凝土内。

3）板底混凝土表面不平，是因为模板格栅尺寸较小，造成挠度过大，应使用较大尺寸的模板格栅。

任务三　现浇板钢筋施工

任务描述

施工人员进行现浇板钢筋施工，首先要确定钢筋的连接方式及所用机具，进行现场材料、施工机具及作业条件准备，确定施工工艺流程，然后进行现浇板钢筋施工。

学习目标

通过本任务的学习，学生应达到以下目标：

1. 正确进行现浇楼板钢筋的铺设与绑扎。
2. 正确进行现浇板钢筋施工的质量检查验收。

任务单

现浇板钢筋施工任务单见表 4-13。

表 4-13　现浇板钢筋施工任务单

专业班组		班长		日期	
任务:现浇板钢筋施工					
检查意见:					
签章:					

任务分组

现浇板钢筋施工学生任务分配见表 4-14。

表 4-14　现浇板钢筋施工学生任务分配

班级		组号		指导教师	
组长		学号			
组员	学号	姓名	任务分工		

获取信息

引导问题：现浇板钢筋施工，首先要确定钢筋的__________及__________，进行现场材料、施工机具及作业条件准备，确定施工工艺流程，然后进行现浇板钢筋施工。

工作计划

按照收集资料和决策的过程，制订现浇板钢筋施工方案，见表4-15。

表4-15 现浇板钢筋施工方案

序号	工作内容	负责人
1		
2		
3		
4		
5		

进行决策

讨论并确定现浇板的施工计划，确定施工方案与施工步骤，进行施工技术交底，完成表4-16的填写。

表4-16 现浇板钢筋施工技术交底记录

<table>
<tr><td>工程名称</td><td colspan="2"></td><td colspan="2">施工单位</td><td></td></tr>
<tr><td>编　　号</td><td colspan="2"></td><td colspan="2">交底日期</td><td></td></tr>
<tr><td>交底部位</td><td colspan="2"></td><td colspan="2">工序名称</td><td></td></tr>
<tr><td>交底提要</td><td colspan="5"></td></tr>
<tr><td>交底内容</td><td colspan="5">一、材料要求
二、主要机具
三、作业条件
四、工艺流程
五、操作要点</td></tr>
<tr><td>项目(专业)技术负责人</td><td></td><td>交底人</td><td></td><td>接受交底人</td><td></td></tr>
</table>

工作实施

制订现浇板钢筋施工计划，完成表 4-17 的填写。

表 4-17　现浇板钢筋施工计划

序号	施工步骤	内容	详细操作信息
1			
2			
3			
4			

评价反馈

现浇板钢筋施工任务评价见表 4-18。

表 4-18　现浇板钢筋施工任务评价

序号	测定项目	评分标准	满分	评价			综合得分
				自评	互评	师评	
1	钢筋类型选择	完全准确	20				
2	钢筋绑扎计划	完全准确	15				
3	连接钢丝的选择	完全准确	10				
4	钢筋施工计划确定	完全准确	35				
5	质量与安全验收	完全准确	20				

相关知识点

1. 现浇板钢筋施工准备

(1) 施工材料准备

按照图纸要求准备现浇板所需钢筋，并抽样进行原材料检验；准备 20~22 号钢丝用于钢筋绑扎；准备好粉笔、卷尺、水泥砂浆垫块等。

(2) 施工机具准备

现浇板钢筋施工常用施工机具有钢筋调直机、钢筋弯曲机、钢筋切割机、钢筋钩子、带扳口的小撬棍等。

(3) 作业条件准备

1) 运输钢筋的道路应畅通，设备用配电箱布置到位，且符合安全要求。

2) 钢筋在绑扎安装前，应对照钢筋施工图再次核对钢筋配料单和料牌，单根钢筋加工完毕后即可在施工现场成型绑扎。

3) 现浇板的板底模板及支撑系统已搭设并验收合格。

2. 现浇板钢筋绑扎工艺流程

清理模板→画线、摆筋→绑现浇板下部受力筋→绑现浇板上部受力筋（双层筋时）→绑负筋→放置钢筋保护层垫块

3. 现浇板钢筋绑扎施工要点

1) 绑扎前先清扫模板上的刨花、碎木块、线管头等杂物，然后用粉笔在模板上画好主筋、分布筋的间距。

2) 按画好的间距位置先摆放受力筋，后摆放分布筋。预埋件、线管、预留孔等要及时配合安装。在铺设现浇楼板钢筋时，对于单向受力板，应先铺设平行于短边方向的受力钢筋，后铺设平行于长边方向的分布筋；对于双向受力板，应先铺设平行于短边方向的受力钢筋，后铺设平行于长边方向的受力钢筋。钢筋搭接长度、位置的规定见施工图要求。

3) 绑扎现浇板下部受力筋网片时，一般用顺扣或八字扣绑扎形式，除外围两根钢筋的相交点全部绑扎外，其余各点可交错绑扎（双向板的相交点必须全部绑扎）。靠近外围两行钢筋的相交点最好按十字花扣形式绑扎。在按一面顺扣形式绑扎的区段内，绑扣的方向应根据具体情况交错地变化，以免网片朝一个方向歪扭。

4) 如板为双层钢筋，上层钢筋绑扎要求同下层钢筋，两层钢筋之间须加马凳或钢筋撑脚，以确保两层钢筋之间的有效高度。如有其他管线穿过时，应在负筋没有绑扎前预埋好，以免施工人员施工时过多地踩倒负筋。

任务四　现浇梁、板混凝土施工

任务描述

施工人员按照施工计划进行现浇梁、板的混凝土施工、混凝土浇筑养护和缺陷处理，并进行现浇梁、板混凝土质量检查。

学习目标

通过本任务的学习，学生应达到以下目标：

1. 正确选择施工机械，掌握混凝土浇筑工艺，注意施工过程的操作安全。
2. 能处理常见的质量通病，对混凝土工程进行验收和评定。

任务单

现浇梁、板混凝土施工任务单见表 4-19。

表 4-19　现浇梁、板混凝土施工任务单

专业班组		班长		日期	
任务：现浇梁、板混凝土施工					
检查意见：					
签章：					

任务分组

现浇梁、板混凝土施工学生任务分配见表 4-20。

表 4-20　现浇梁、板混凝土施工学生任务分配

班级		组号		指导教师	
组长		学号			
组员	学号	姓名	任务分工		

获取信息

引导问题 1：通常情况下，框架结构的梁、板混凝土同时浇筑，按照工程的施工顺序，梁、板混凝土施工的第一个任务是准备工作，主要包括________、________及________的准备。

引导问题 2：预拌混凝土质量检查：预拌混凝土的________、________、________、粗集料最大公称直径等符合施工项目浇筑部位的要求；检查搅拌车的进场时间和卸料时间，商品混凝土的运输时间（拌和完成后至进场时止）超过技术标准或合同规定时，应当退货。

引导问题 3：编制现浇梁、板混凝土浇筑施工方案，确定________、混凝土________、浇筑方法、试块组数。现场负责人根据施工方案，对操作班组进行全面施工技术交底。

工作计划

按照收集资料和决策的过程，制订现浇梁、板混凝土施工方案，见表 4-21。

表 4-21　现浇梁、板混凝土施工方案

序号	工作内容	负责人
1		
2		
3		
4		

进行决策

讨论施工准备内容，确定现浇梁、板的混凝土施工方案，明确质量与缺陷问题的处理方法。

工作实施

制订现浇梁、板混凝土施工计划，完成表 4-22 的填写。

表 4-22　现浇梁、板混凝土施工计划交底记录

<table>
<tr><td>工程名称</td><td colspan="2"></td><td>施工单位</td><td colspan="2"></td></tr>
<tr><td>编　　号</td><td colspan="2"></td><td>交底日期</td><td colspan="2"></td></tr>
<tr><td>交底部位</td><td colspan="2"></td><td>工序名称</td><td colspan="2"></td></tr>
<tr><td>交底提要</td><td colspan="5"></td></tr>
<tr><td>交底内容</td><td colspan="5">一、材料要求
二、主要机具
三、作业条件
四、工艺流程
五、操作要点</td></tr>
<tr><td>项目(专业)
技术负责人</td><td></td><td>交底人</td><td></td><td>接受交底人</td><td></td></tr>
</table>

评价反馈

现浇梁、板混凝土施工任务评价见表 4-23。

表 4-23　现浇梁、板混凝土施工任务评价

序号	测定项目	评分标准	满分	评价			综合得分
				自评	互评	师评	
1	浇筑方案	完全准确	20				
2	浇筑计划	完全准确	20				
3	浇筑实施	完全准确	40				
4	浇筑质量检验	完全准确	20				

相关知识点

1. 现浇梁、板混凝土施工工艺流程

核对配料单与施工计划是否相符→检查混凝土坍落度→水泥砂浆润滑输送管道→混凝土罐车送料→混凝土泵输送混凝土→布料杆将混凝土送至浇筑部位（先梁后板）→振捣（振捣现浇板混凝土时，先使用插入式振捣棒施工，再使用平板振动器施工）→养护

2. 现浇梁、板混凝土施工要点

1）如在夏季或冬季施工，安装混凝土输送管道和布料杆时应注意对输送管采取隔热降温或保温措施。

2）合理布置混凝土泵车停放点，以方便罐车进出和满足最大浇筑范围为原则。

3）采用坍落度筒检测混凝土坍落度是否符合施工计划要求。

4）泵送混凝土时，首先用 1∶2 水泥砂浆润滑输送管道，然后混凝土罐车送料，混凝土泵输送，用布料杆将混凝土送至浇筑部位。混凝土要求连续供应以保证混凝土泵连续工作。如混凝土供应脱节不能连续泵送时，混凝土泵机应每隔 4~5min 交替进行正转和反转两个行程，以防混凝土泌水和离析；当泵送间歇时间超过 45min 或当混凝土出现离析时，应立即用压力水冲洗管内残留的混凝土。泵送过程中，受料斗内应有足够的混凝土，以防吸入空气产生阻塞。泵送结束后，应及时把残留在泵体内及输送管道内的混凝土清洗干净。泵送混凝土时应沿梁长均匀布料。

5）现浇梁、板应同时浇筑，可根据梁高度采用赶浆法分层呈阶梯形浇筑，当浇筑到板底时再与板一起浇筑。高度大于 1000mm 的梁可单独浇筑。当板下有梁托时，施工缝应留在梁托下部；浇筑有主、次梁楼板的施工缝应留在次梁上约 1/3 跨度处，而不应留在主梁上，如图 4-6 所示。单向板可在平行于短边的任何位置留置施工缝，也可以在次梁施工缝位置同时设置楼板的施工缝；双向板施工缝应按设计要求留置。

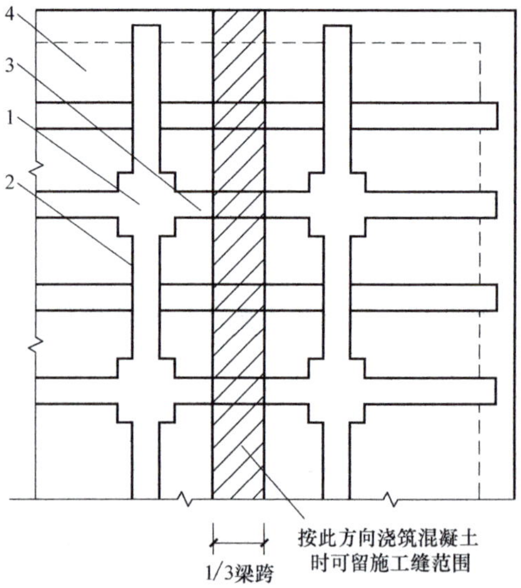

图 4-6 浇筑有主、次梁楼板的施工缝位置

1—梁、柱结合处 2—主梁 3—次梁 4—楼板

6）使用插入式振捣棒时，要使振捣棒自然地垂直沉入混凝土中（图 4-7）。为使上下层混凝土结合成整体，振捣棒应插入下一层混凝土中 50~100mm。振捣棒不能插入太深，最好使振捣棒的尾部外露 1/3~1/4 全长，软轴部分不要插入混凝土中。振捣时，应将振捣棒上下抽动 50~100mm，以保证上下部分的混凝土振捣均匀。在梁钢筋加密区，可

用小直径振捣棒振捣，振捣棒应避免碰撞钢筋、模板、线管、吊环和预埋件等。混凝土的插点间距一般不要超过振捣棒有效作用半径 R 的 1.5 倍，振捣棒与模板的距离不应大于其有效作用半径的 1.5 倍。混凝土各插点的布置方式有行列式与交错式两种（图 4-8），其中交错式重叠、搭接较多，能更好地防止漏振，保证混凝土的密实性。振捣棒在各插点的振动时间，以混凝土表面基本平坦、泛出水泥浆，混凝土不再显著下沉，无气泡排出为止，每个插点的振捣时间以 20~30s 为宜。

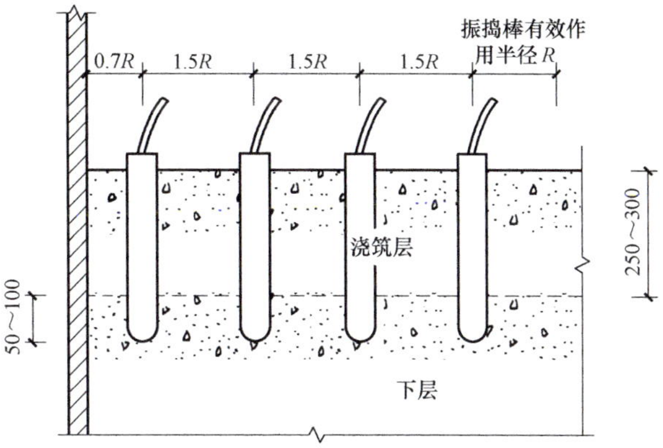

图 4-7　振捣棒的插入方向

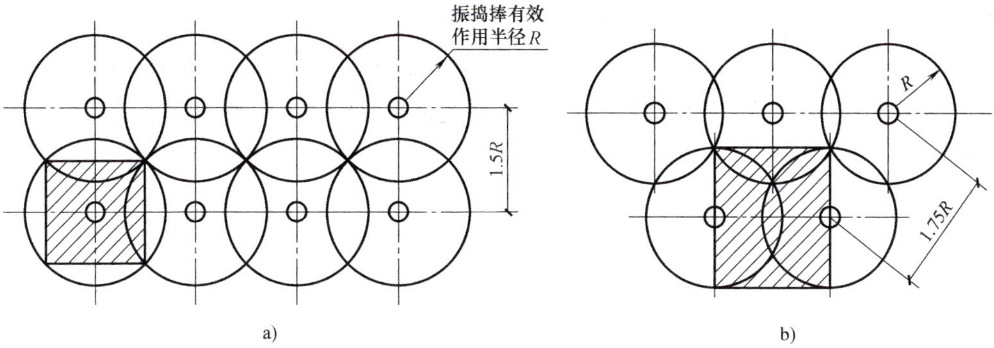

图 4-8　振捣棒插点的布置

7）覆盖浇水养护。覆盖浇水养护是在混凝土表面覆盖吸湿材料，采取人工浇水或蓄水措施，使混凝土表面保持潮湿状态的一种养护方法。所用的覆盖材料应具有较强的吸水保湿能力，常用的有麻袋、帆布、草帘等。开始覆盖和浇水的时间，一般在混凝土浇筑完毕后 3~12h（根据外界气候条件的具体情况确定）。浇水养护时间主要取决于水泥的品种和用量，在正常水泥用量情况下，采用硅酸盐水泥、普通硅酸盐水泥和矿渣硅酸盐水泥拌制的混凝土，不得少于 7d；掺用缓凝型外加剂或有抗渗要求的混凝土，不得少于 14d。每日浇水次数依据具体情况确定，以能保持混凝土经常处于润湿状态即可。当日平均气温低于 5℃时，不得浇水。

学习情境5　钢筋混凝土剪力墙施工

学习情境描述

某小区新建 4 号楼属高层建筑，总建筑面积 14201.32m^2，建筑占地面积 2054.84m^2，建筑高度 55.10m，地上十八层，一层层高 3.9m，二~十七层层高 3m，顶层层高 3.2m。建筑结构形式采用钢筋混凝土剪力墙结构，基础形式采用钢筋混凝土筏板基础，建筑设计使用年限为 50 年。

现要求施工技术人员按照 4 号楼施工图纸和规范要求完成 4 号楼剪力墙墙体的施工及质量验收。

任务一　剪力墙施工图识读

任务描述

施工技术人员拿到新建 4 号楼项目的建筑施工图纸、结构施工图纸。现要求施工技术人员完成钢筋混凝土剪力墙的施工任务，剪力墙施工图（局部）如图 5-1 所示，请首先完成该剪力墙施工图的识读。

学习目标

通过本任务的学习，学生应达到以下目标：

1. 正确识读剪力墙的墙柱、墙梁、墙身。
2. 正确识读剪力墙的尺寸、配筋。
3. 正确识读剪力墙洞口。

任务单

剪力墙施工图识读任务单见表 5-1。

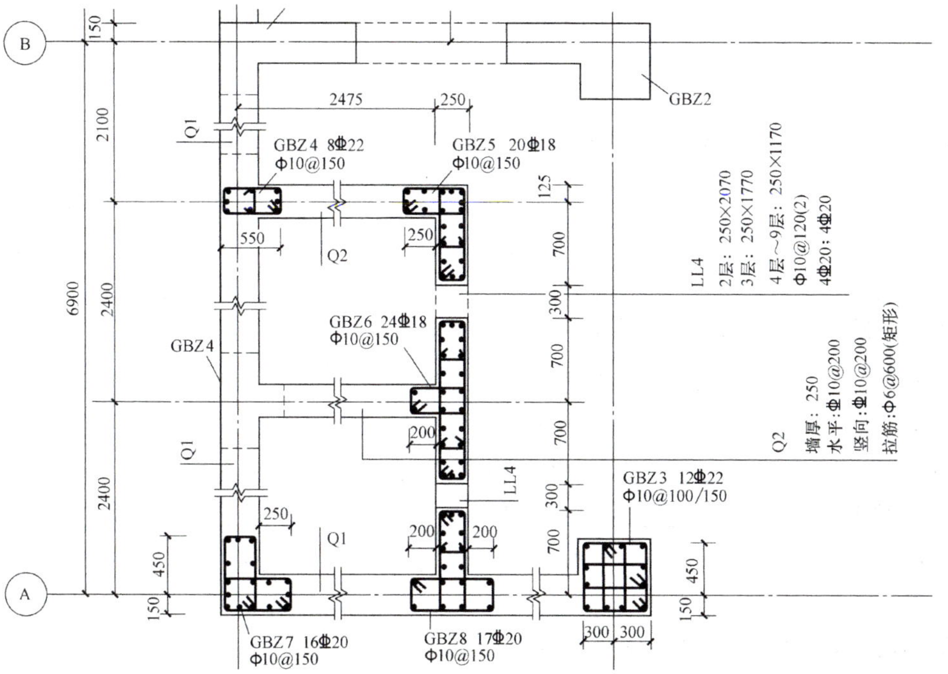

图 5-1　剪力墙施工图（局部）

表 5-1　剪力墙施工图识读任务单

专业班组		班长		日期	
识图任务：剪力墙施工图识读					
检查意见：					
签章：					

任务分组

剪力墙施工图识读学生任务分配见表 5-2。

表 5-2　剪力墙施工图识读学生任务分配

班级		组号		指导教师	
组长		学号			
组员	学号	姓名	任务分工		

获取信息

引导问题 1：什么是剪力墙？请举几个例子说明剪力墙的应用。

____

____

____

引导问题 2：请指出下列剪力墙代号的含义。

YBZ：____________；GBZ：____________；

AZ：____________；FBZ：____________；

LL：____________；LL（JC）：____________；

LL（JX）：____________；LL（DX）：____________；

LLk：____________；AL：____________；

BKL：____________。

引导问题 3：解释下列标注的含义。

Q1
墙厚：300
水平：Φ12@200
竖向：Φ12@200
拉筋：Φ6@600（矩形）

解释含义：____

____

____

引导问题 4：地下室剪力墙如何表示？图 5-2 中平法标注的具体含义是什么？

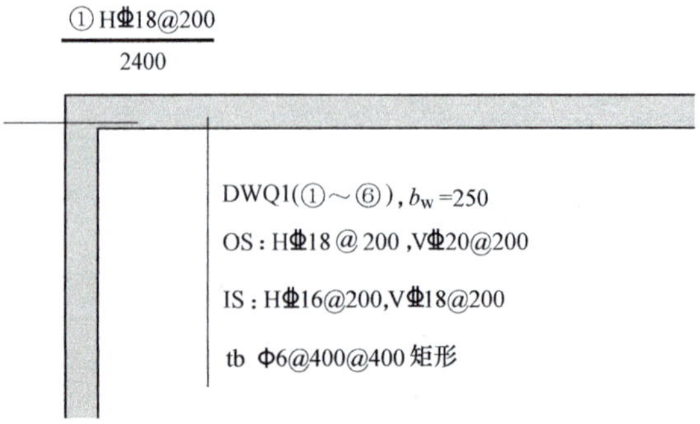

图 5-2 地下室剪力墙平法标注示例

____

____

____

工作计划

按照收集资料和决策的过程，制订剪力墙施工图识读方案，见表 5-3。

表 5-3　剪力墙施工图识读方案

序号	工作内容	负责人
1		
2		
3		
4		
5		

进行决策

讨论平面整体表示方法制图规则，决定剪力墙的类型、尺寸、配筋、标高等。识读图 5-1，完成表 5-4 的填写。

表 5-4　剪力墙施工图图纸交底

<table>
<tr><td>工程名称</td><td colspan="2"></td><td colspan="2">施工单位</td><td></td></tr>
<tr><td>交底部位</td><td colspan="2"></td><td colspan="2">工序名称</td><td></td></tr>
<tr><td>交底提要</td><td colspan="5"></td></tr>
<tr><td>交底内容</td><td colspan="5">一、剪力墙编号

二、剪力墙类型

三、剪力墙尺寸

四、剪力墙墙柱配筋

五、剪力墙墙身配筋

六、剪力墙墙梁配筋</td></tr>
<tr><td>项目(专业)
技术负责人</td><td></td><td>交底人</td><td></td><td>接受交底人</td><td></td></tr>
</table>

工作实施

拿到剪力墙施工图纸后先看结构设计说明，了解结构的基本情况，比如混凝土强度会在结构设计说明中统一规定；看完结构设计说明后，再看施工平面图，施工平面图会显示剪力墙的具体位置。

引导问题 5：确定剪力墙位置时，一定要注意剪力墙和轴线的位置关系，请具体指出图 5-1 中剪力墙和轴线的位置关系。

____

____

____

引导问题 6：请指出图 5-1 中剪力墙的尺寸和配筋情况。

____

____

____

评价反馈

剪力墙施工图识读任务评价见表 5-5。

表 5-5　剪力墙施工图识读任务评价

序号	测定项目	评分标准	满分	评价			综合得分
				自评	互评	师评	
1	剪力墙编号	完全准确	10				
2	剪力墙类型	完全准确	10				
3	剪力墙尺寸	完全准确	20				
4	剪力墙墙柱配筋	完全准确	25				
5	剪力墙墙身配筋	完全准确	10				
6	剪力墙墙梁配筋	完全准确	25				

相关知识点

剪力墙又称为抗风墙、抗震墙或结构墙，是房屋或构筑物中主要承受风荷载或地震作用引起的水平荷载和竖向荷载的墙体，防止结构发生剪切（受剪）破坏。剪力墙一般用钢筋混凝土做成，本学习情境主要讲解钢筋混凝土剪力墙的施工工艺。下面介绍剪力墙施工图识图基本内容。

1. 剪力墙平法施工图的表示方法

1）剪力墙平法施工图是指在剪力墙平面布置图上采用列表注写方式或截面注写方式表达。

2）为使表达清楚、简便，剪力墙可视为由剪力墙柱、剪力墙身和剪力墙梁三类构件构成。一般将剪力墙按剪力墙柱、剪力墙身、剪力墙梁（分别简称为墙柱、墙身、墙梁）三类构件分别编号。

① 墙柱编号，由墙柱类型代号和序号组成，表达形式应符合表5-6的规定。

表5-6　墙柱编号

墙柱类型	代号	序号
约束边缘构件	YBZ	××
构造边缘构件	GBZ	××
非边缘暗柱	AZ	××
扶壁柱	FBZ	××

表5-6中的边缘构件，是由构造边缘暗柱、构造边缘端柱、构造边缘转角墙、构造边缘翼墙组成的。这些都是剪力墙结构中特有的，它们的作用都一样，设置在剪力墙的边缘起到改善受力性能的作用。

② 墙身编号，由墙身代号、序号以及墙身所配置的水平与竖向分布钢筋的排数组成，其中排数注写在括号内。表达形式为：

Q××(××排)

③ 墙梁编号，由墙梁类型代号和序号组成，表达形式应符合表5-7的规定。

表5-7　墙梁编号

墙梁类型	代号	序号
连梁	LL	××
连梁(对角暗撑配筋)	LL(JC)	××
连梁(交叉斜筋配筋)	LL(JX)	××
连梁(集中对角斜筋配筋)	LL(DX)	××
连梁(跨高比不小于5)	LLk	××
暗梁	AL	××
边框梁	BKL	××

2. 截面注写方式

1）截面注写方式是指在分标准层绘制的剪力墙平面布置图上，以直接在墙柱、墙身、墙梁上注写截面尺寸和配筋具体数值的方式来表达剪力墙平法施工图。

2）选用适当的比例原位放大绘制剪力墙平面布置图，其中对墙柱绘制配筋截面图；对所有的墙柱、墙身、墙梁分别按规定进行编号，并分别在相同编号的墙柱、墙身、墙梁中选择一根墙柱、一道墙身、一根墙梁进行注写，其注写方式按以下规定进行：

① 从相同编号的墙柱中选择一个截面，注明几何尺寸，标注全部纵筋及箍筋的具体数值。

② 从相同编号的墙身中选择一道墙身，按顺序引注的内容为：墙身编号（应包括注写在括号内的墙身所配置的水平与竖向分布钢筋的排数）、墙厚尺寸，水平分布钢筋、竖向分布钢筋和拉筋的具体数值。

③ 从相同编号的墙梁中选择一根墙梁，按顺序引注的内容为：

a. 注写墙梁编号、墙梁截面尺寸 $b\times h$、墙梁箍筋、上部纵筋、下部纵筋和墙梁顶面标高高差的具体数值。其中，墙梁顶面标高高差是指相对于墙梁所在结构层楼面标高的高差值，高于的为正值，低于的为负值，当无高差时不注。

b. 当连梁设有对角暗撑时［代号为 LL(JC)××］，注写暗撑的截面尺寸（箍筋外皮尺寸）；注写一根暗撑的全部纵筋，并标注“×2”表明有两根暗撑相互交叉；注写暗撑箍筋的具体数值。

c. 当连梁设有交叉斜筋时［代号为 LL(JX)××］，注写连梁一侧对角斜筋的配筋值，并标注“×2”表明对称设置；注写对角斜筋在连梁端部设置的拉筋根数、强度等级及直径，并标注“×4”表示四个角都设置；注写连梁一侧折线筋的配筋值，并标注“×2”表明对称设置。

d. 当连梁设有集中对角斜筋时［代号为 LL(DX)××］，注写一条对角线上的对角斜筋，并标注“×2”表明对称设置。

e. 跨高比不小于 5 的连梁，按框架梁设计时（代号为 LLk××），采用平面注写方式，注写规则同框架梁，既可采用适当比例单独绘制，也可与剪力墙平法施工图合并绘制。

当墙身水平分布钢筋不能满足连梁、暗梁及边框梁的梁侧面纵向构造钢筋的要求时，应补充注明梁侧面纵筋的具体数值；注写时，以大写字母 N 打头，接续注写直径与间距。梁侧面纵向钢筋在支座内的锚固要求同连梁中受力钢筋。例如“N ⌀10@150”，表示墙梁两个侧面纵筋对称配置，强度等级为 HRB400，钢筋直径为 10mm，间距为 150mm。

3. 剪力墙洞口的表示方法

1）无论是采用截面注写方式还是列表注写方式，剪力墙上的洞口均可在剪力墙平面布置图上原位表达（图 5-3）。

2）洞口的具体表示方法：在剪力墙平面布置图上绘制洞口信息，并标注洞口中心的平面定位尺寸；在洞口中心位置引注洞口编号、洞口几何尺寸、洞口中心相对标高、洞口每边补强钢筋共四项内容。具体规定如下：

① 洞口编号：矩形洞口为 JD××(××为序号)，圆形洞口为 YD××(××为序号)。

② 洞口几何尺寸：矩形洞口为洞宽×洞高（$b\times h$），圆形洞口为洞口直径 D。

③ 洞口中心相对标高是指相对于结构层楼（地）面标高的洞口中心高度，当其高于结构层楼面时为正值，低于结构层楼面时为负值。

④ 洞口每边补强钢筋的注写，分以下几种不同情况：

a. 当矩形洞口的洞宽、洞高均不大于 800mm 时，此项注写为洞口每边补强钢筋的具体数值。当洞宽、洞高方向补强钢筋不一致时，分别注写洞宽方向、洞高方向补强钢筋，以

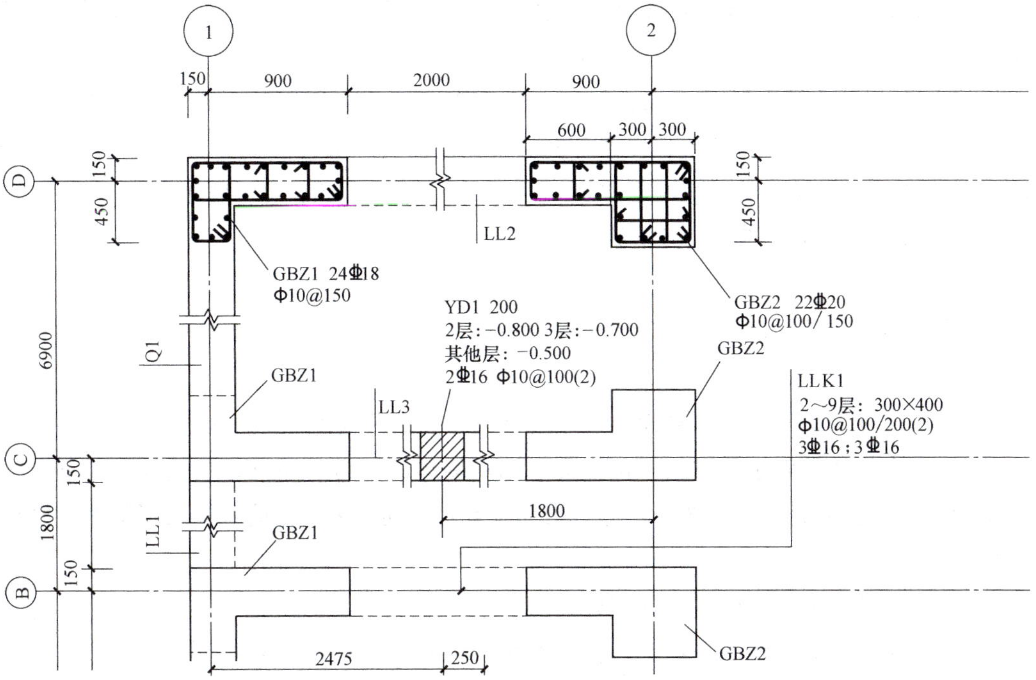

图 5-3 剪力墙洞口平法表达

“/” 分隔。例如，“JD2 400×300+3.100 3Φ14”，表示 2 号矩形洞口，洞宽 400mm、洞高 300mm，洞口中心距本结构层楼面 3100mm，洞口每边补强钢筋为 3Φ14；“JD3 400×300+3.100”，表示 3 号矩形洞口，洞宽 400mm、洞高 300mm，洞口中心距本结构层楼面 3100mm，洞口每边补强钢筋按构造配置；“JD4 800×300+3.100 3Φ18/3Φ14”，表示 4 号矩形洞口，洞宽 800mm、洞高 300mm，洞口中心距本结构层楼面 3100mm，洞宽方向补强钢筋为 3Φ18，洞高方向补强钢筋为 3Φ14。

b. 当矩形或圆形洞口的洞宽或直径大于 800mm 时，在洞口的上、下边需设置补强暗梁，此项注写为洞口上、下每边暗梁的纵筋与箍筋的具体数值（在标准构造详图中，补强暗梁梁高一律定为 400mm，施工时按标准构造详图取值，设计图中不注明。当设计采用与该构造详图不同的做法时，应另行注明），圆形洞口时还需注明环向加强钢筋的具体数值；当洞口上、下边为剪力墙连梁时，此项免注；洞口竖向两侧设置边缘构件时，也不在此项中表达（当洞口两侧不设置边缘构件时，设计应给出具体做法）。例如，“JD5 1000×900+1.400 6Φ20 Φ8@150”，表示 5 号矩形洞口，洞宽 1000mm、洞高 900mm，洞口中心距本结构层楼面 1400mm，洞口上、下边设补强暗梁，每边暗梁纵筋为 6Φ20，箍筋为Φ8@150mm；“YD5 1000+1.800 6Φ20 Φ8@150 2Φ16”，表示 5 号圆形洞口，直径 1000mm，洞口中心距本结构层楼面 1800mm，洞口上、下边设补强暗梁，每边暗梁纵筋为 6Φ20，箍筋为Φ8@150mm，环向加强钢筋为 2Φ16。

c. 当圆形洞口设置在连梁中部 1/3 范围（且圆洞直径不应大于 1/3 梁高）时，需注写在圆洞上、下边水平设置的每边的补强纵筋与箍筋。

d. 当圆形洞口设置在墙身或暗梁、边框梁位置，且洞口直径不大于300mm时，此项注写为洞口上、下、左、右每边布置的补强纵筋的具体数值。

e. 当圆形洞口直径大于300mm，但不大于800mm时，此项注写为洞口上、下、左、右每边布置的补强纵筋的具体数值，以及环向加强钢筋的具体数值。例如，“YD 5 600+1.800 2⌀20 2⌀16”，表示5号圆形洞口，直径600mm，洞口中心距本结构层楼面1800mm，洞口每边补强钢筋为2⌀20，环向加强钢筋为2⌀16。

4. 地下室外墙的表示方法

1）本节地下室外墙仅适用于起挡土作用的地下室外围护墙。地下室外墙中的墙柱、连梁及洞口等的表示方法同地上剪力墙。

2）地下室外墙编号，由墙身代号、序号组成，表达形式为DWQ××。

3）地下室外墙平面注写方式，包括集中标注墙体的编号、厚度、贯通筋、拉筋等，以及原位标注附加非贯通筋等两部分内容。当仅设置贯通筋，未设置附加非贯通筋时，则仅做集中标注。

4）地下室外墙的集中标注，规定如下：

① 注写地下室外墙编号，包括代号、序号、墙身长度（注为××~××轴）。

② 注写地下室外墙厚度 b_w=×××。

③ 注写地下室外墙的外侧贯通筋、内侧贯通筋和拉筋。

a. 以OS代表外墙外侧贯通筋。其中，外侧水平贯通筋以H打头注写，外侧竖向贯通筋以V打头注写。

b. 以IS代表外墙内侧贯通筋。其中，内侧水平贯通筋以H打头注写，内侧竖向贯通筋以V打头注写。

c. 以tb打头注写拉结筋的直径、强度等级及间距，并注明“矩形”或“梅花”；注写水平分布钢筋、竖向分布钢筋和拉结筋的具体数值。注写数值为一排水平分布钢筋和竖向分布钢筋的规格与间距，具体排数已经在墙身编号后面表达。拉结筋应注明布置方式为“矩形”或“梅花”，用于剪力墙分布钢筋的拉结筋设置示意图如图5-4所示（图中a为竖向分布钢筋间距，b为水平分布钢筋间距）。例如：

> DWQ2（①~⑥），b_w=300
>
> OS：H⌀18@200，V⌀20@200
>
> IS：H⌀16@200，V⌀18@200
>
> tb ϕ6@400@400 矩形

表示2号外墙，长度范围为①~⑥轴，墙厚为300mm；外侧水平贯通筋为⌀18@200mm，竖向贯通筋为⌀20@200mm；内侧水平贯通筋为⌀16@200mm，竖向贯通筋为⌀18@200mm；拉结筋为ϕ6，矩形布置，水平间距为400mm，竖向间距为400mm。

5）地下室外墙的原位标注，主要表示在外墙外侧配置的水平非贯通筋或竖向非贯通筋。

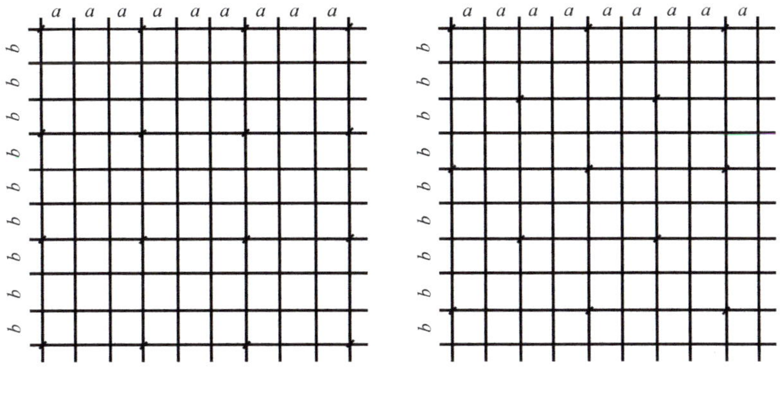

图 5-4　用于剪力墙分布钢筋的拉结筋设置示意

a）拉结筋@ 3a@ 3b 矩形（$a \leqslant 200$、$b \leqslant 200$）　b）拉结筋@ 4a@ 4b 梅花（$a \leqslant 150$、$b \leqslant 150$）

任务二　剪力墙钢筋施工

任务描述

剪力墙的施工顺序一般是：钢筋施工→模板施工→混凝土施工，首先进行的是钢筋施工。

学习目标

通过本任务的学习，学生应达到以下目标：

1. 正确进行剪力墙钢筋施工准备。
2. 正确进行剪力墙钢筋的进场验收。
3. 正确进行剪力墙钢筋加工。
4. 正确进行剪力墙钢筋的安装和连接。
5. 正确进行剪力墙钢筋施工的质量检查验收。

任务单

剪力墙钢筋施工任务单见表 5-8。

表 5-8　剪力墙钢筋施工任务单

专业班组		班长		日期	
任务:剪力墙钢筋施工					
检查意见:					
签章:					

任务分组

剪力墙钢筋施工学生任务分配见表 5-9。

表 5-9　剪力墙钢筋施工学生任务分配

班级		组号		指导教师	
组长		学号			
组员	学号	姓名	任务分工		

获取信息

引导问题 1：剪力墙钢筋施工的准备工作有哪些？

____

____

____

引导问题 2：剪力墙钢筋进场验收的内容有哪些？

HRB400 钢筋的代号是______，HRB500 钢筋的代号是______。请粘贴剪力墙钢筋出厂合格证：

剪力墙钢筋进场验收的项目：____；

剪力墙钢筋存放注意事项：____

____

____。

引导问题3：剪力墙钢筋加工的基本要点有哪些？

____

____

____

绘制LL4梁翻样钢筋图：

引导问题4：剪力墙钢筋施工的工艺流程是什么？

____

____

____

____

引导问题5：剪力墙钢筋下料长度计算式有哪些？

____

____

____

____

引导问题6：剪力墙钢筋如何连接？

剪力墙钢筋接头采用____________接头，接头为Ⅰ级接头，接头位置应相互错开，上层钢筋在支座附近连接，下层钢筋在跨中连接。受拉区接头数量不得超过______%；当同一区段内接头数量<50%时，接头位置不受限制。墙体、柱的竖向钢筋的接头距结构面______cm，且应大于框架梁梁高，大于六分之一层间柱净高；相邻接头位置的错开距离应大于35倍的钢筋直径，且大于50cm。

引导问题7：剪力墙钢筋安装完毕后的质量检查验收包括哪些内容？

工作计划

按照收集资料和决策的过程，制订剪力墙钢筋施工方案，见表 5-10。

表 5-10 剪力墙钢筋施工方案

序号	工作内容	负责人
1		
2		
3		
4		
5		

进行决策

讨论并确定剪力墙钢筋施工计划，确定施工方案与施工步骤，进行施工技术交底，完成表 5-11 的填写。

表 5-11 剪力墙钢筋施工技术交底记录

<table>
<tr><td>工程名称</td><td colspan="2"></td><td>施工单位</td><td colspan="2"></td></tr>
<tr><td>编　　号</td><td colspan="2"></td><td>交底日期</td><td colspan="2"></td></tr>
<tr><td>交底部位</td><td colspan="2"></td><td>工序名称</td><td colspan="2"></td></tr>
<tr><td>交底提要</td><td colspan="5"></td></tr>
<tr><td>交底内容</td><td colspan="5">一、材料要求
二、主要机具
三、作业条件
四、工艺流程
五、操作要点</td></tr>
<tr><td>项目(专业)
技术负责人</td><td></td><td>交底人</td><td></td><td>接受交底人</td><td></td></tr>
</table>

工作实施

剪力墙钢筋施工一般是在施工现场进行，现场会有专门的钢筋加工棚，和混凝土不同的是，剪力墙钢筋进场需要进行原材料验收。钢筋进场后需要进行钢筋的配料计算，编制配料单，然后进行钢筋的加工。钢筋加工完成之后，进行钢筋的安装。钢筋安装完毕后进行质量检查验收。

引导问题 8： 剪力墙钢筋进场后要进行堆放，钢筋是否可以露天堆放？露天堆放会出现哪些问题？

____

____

____

____

引导问题 9： 剪力墙钢筋在加工过程中会有损耗和浪费，请说明损耗和浪费出现在哪些地方？

____

____

____

____

引导问题 10： 剪力墙钢筋的连接方法有很多，该如何做选择呢？请给出理由。

____

____

____

____

评价反馈

剪力墙钢筋施工任务评价见表 5-12。

表 5-12　剪力墙钢筋施工任务评价

序号	测定项目	评分标准	满分	评价			综合得分
				自评	互评	师评	
1	钢筋施工准备	完全准确	5				
2	钢筋进场验收	完全准确	10				
3	钢筋下料	完全准确	15				
4	钢筋翻样	完全准确	10				
5	钢筋安装	完全准确	25				
6	钢筋质量检查验收	完全准确	25				
7	钢筋成品保护	完全准确	10				

相关知识点

1. 施工准备

（1）基本要求

1）按施工平面图确定的位置，平整清理好钢筋堆放场地，挖好排水沟，铺好垫木，按施工安装顺序分类堆放钢筋。

2）确定研究好钢筋分段绑扎安装的顺序。

3）组织有关人员学习施工规范和工艺标准，熟悉施工图纸。针对工程特点，编写技术交底，提出材料计划，做好钢筋翻样工作。准备检测器具，如检查螺纹连接丝头、套筒等，采用游标卡尺、环规等。对墙柱、梁筋交叉密集的绑扎，技术难度大，应采取相应措施。

（2）钢筋材料的验收

对材料质量证明文件的检查以及对力学性能、外观质量的复验，是钢筋进场时质量验收的主要内容。按照规范规定，钢筋进场验收的检验项目如下。

1）资料检查。钢筋进场时应检查出厂合格证、出厂检验报告和进场复验报告。钢筋实物的规格、外观等应与上述文件相符。

2）力学性能复验。钢筋进场应根据现行国家标准《钢筋混凝土用钢 第 2 部分：热轧带肋钢筋》（GB/T 1499.2—2018）等的规定抽取试件进行力学性能检验，其质量必须符合有关标准的规定。

3）对抗震钢筋的强度和延性要求。对按一、二级抗震等级设防的框架结构，其纵向受力钢筋的强度应满足设计要求；当设计无具体要求时，检验所得的强度实测值应符合下列规定，以保证结构的延性。

① 钢筋的抗拉强度实测值与屈服强度实测值的比值不应小于 1.25。

② 钢筋的屈服强度实测值与强度标准值的比值不应大于 1.3。

③ 对有抗震设防要求的结构，应对其纵向受力钢筋进行最大力下总伸长率的检测，钢筋的最大力下的总伸长率不应小于 9%。

4）非正常情况。当发现钢筋有脆断、焊接性能不良或力学性能显著不正常等现象时，应对该批钢筋进行化学成分检验或其他专项检验。

以上项目在验收时均被列为主控项目，主要是各项力学性能指标的检验。这是工程质量和结构安全的关键所在，应加强控制。

5）外观质量。对钢筋材料，验收时的一般项目实际只有外观质量。对于外观质量的要求比较简单和直观。钢筋应外形平直、外观无损伤，表面不得有裂纹、油污、颗粒状或片状老锈。这些检查项目中，不平直的弯曲钢筋可能影响加工和安装；带有折痕的钢筋容易脆断；钢筋损伤、裂纹可能影响其力学性能；而油污沾染和表面锈蚀可能影响其握裹性能，导致锚固力下降，严重锈蚀还可能影响钢筋的强度。

2. 钢筋施工

画线→布置底板下层短向主受力筋→布置底板下层长向主受力筋→交叉点绑扎→放置保护层垫块→放置钢筋撑脚→布置短向及长向暗梁上层钢筋→布置底板上层长向钢筋→布置底板上层短向钢筋→布置底板上下层钢筋网拉结筋→固定剪力墙、柱立筋

3. 剪力墙钢筋施工技术要求

1）剪力墙钢筋施工一般要求如下：

① 钢筋除锈。钢筋表面要保持洁净，油渍及锤击时能剥落的铁锈在使用前应清除干净。钢筋可在冷拉或调直过程中除锈，或采用钢丝刷人工除锈。中途间隙时间较长的裸露钢筋可采用彩条布包裹的方式防锈。较粗的钢筋经弯曲后，弯曲部位易锈蚀，应做好半成品堆放的防雨遮盖。

② 钢筋的调直。盘卷钢筋采用冷拉调直时，冷拉率控制在 4%以内，钢筋要保证平直，无局部曲折。

③ 钢筋的下料。应根据钢筋配料单上各钢筋的规格、长度统一下料，下料时不得随意增减钢筋的长度。钢筋下料长度计算式如下：

直钢筋下料长度=构件长度-保护层厚度+弯钩增加长度

弯起钢筋下料长度=直段长度+斜段长度-弯曲调整值+弯钩增加长度

箍筋下料长度=箍筋周长+箍筋调整值

2）剪力墙钢筋连接主要分为绑扎搭接、机械连接或焊接。为确保工程的进度及钢筋工程的质量，基础底板钢筋、框架梁柱钢筋、剪力墙暗柱钢筋直径≥22mm 时应采用直螺纹连接；其余板、墙及暗柱等的钢筋采用绑扎搭接及电渣压力焊焊接。

① 接头位置。剪力墙钢筋接头采用直螺纹接头，接头为 I 级接头，接头位置应相互错开，上层钢筋在支座附近连接，下层钢筋在跨中连接。受拉区接头数量不得超过 50%；当同一区段内接头数量<50%时，接头位置不受限制。墙体、柱的竖向钢筋的接头距结构面 50cm，且应大于框架梁梁高，大于六分之一层间柱净高；相邻接头位置的错开距离应大于 35 倍的钢筋直径，且大于 50cm。

② 钢筋直螺纹连接施工时，钢筋连接套筒及锁母应选用优质碳素结构钢或低合金结构钢，供货单位应提供质量保证书。套筒外观要求：连接套筒表面不得有裂纹，表面及内螺纹不得有严重锈蚀。

4. 剪力墙钢筋施工要点

1）剪力墙钢筋在底板、楼板浇筑混凝土后绑扎，绑扎前应放线，校正预埋的插筋，位移较严重的插筋，应进行加固处理。剪力墙模板可分段间隔进行，以利于钢筋绑扎。

2）一般在剪力墙的两端及中间设置三道梯筋（主筋、横筋）与剪力墙的立筋绑牢，然后按其横筋位置绑扎剪力墙横筋，并在顶部设水平梯筋控制竖向位置。剪力墙钢筋的竖向、横向第一道均距约束边缘构件及底板、楼板各 50mm。

3）剪力墙钢筋应逐点绑扎，两侧和上下应对称进行，钢筋的搭接长度及位置应符合设计和施工规范的要求。搭接处应在中心和两端用钢丝绑牢。

4）两排钢筋之间应绑拉筋或支撑筋，其纵、横向间距均不大于600mm。在钢筋的外侧绑扎砂浆垫块，以控制保护层的厚度。

5）剪力墙上有洞口时，在洞口竖筋上画标高线，洞口要按设计要求加绑附加钢筋。洞口上下梁两端锚入墙内长度要符合设计要求。

6）剪力墙转角及各节点的抗震构造钢筋及锚固长度均应按设计要求进行绑扎。

7）剪力墙内埋设的预埋件、管道、预留洞口，其位置均应符合设计要求，切断钢筋应加绑附加钢筋补强。

8）模板合拢后，应对伸出的钢筋进行一次修整，并在搭接处绑一道临时性定位横筋；在混凝土浇筑时，应有专人随时检查和修整，以保证竖筋位置正确。

9）除大开间地下室外墙、临空墙外墙体竖向钢筋在内，水平钢筋在外，并应横平竖直。

10）剪力墙水平分布钢筋伸至墙端，并向内水平弯折10倍的钢筋直径后截断。

11）带边框的剪力墙，其水平和竖向分布钢筋可分别贯穿柱、梁，或锚固在柱、梁内。

12）剪力墙墙体洞口上连梁的第一肢箍筋，距洞边5cm，且在各标准层伸入洞口边暗柱内一肢，距离10cm，在最顶层连梁箍筋伸入梁筋锚固区，均匀布置。

13）剪力墙墙体第一列竖筋或底部第一行水平钢筋与暗柱、暗梁主筋的间距应为50mm，暗柱底部第一肢箍筋距离楼面应为25mm，应保证箍筋与水平方向的墙筋不重叠，门窗洞口暗梁钢筋的箍筋也应与墙体竖筋相互错开布置。

14）剪力墙墙体变截面部位钢筋处理：钢筋直径≤14mm时，墙体变截面钢筋按照1∶6的坡度调整位置；钢筋直径≥16mm时，墙体变截面钢筋采用重新插筋施工。

15）剪力墙钢筋交叉点绑扎要求：扎扣应以八字形方向交错绑扎，并间隔1m左右采用兜扣法绑扎；绑扎钢筋直径≥14mm时，扎丝选用20号钢丝；绑扎钢筋直径≤12mm时，扎丝选用22号钢丝。竖向钢筋绑扎搭接区域内不得少于三个扎点及三道水平钢筋。

绑扎扎丝的尾丝一律指向剪力墙墙心，暗柱上的兜扣法绑扎要控制扎丝抛角的角度小于60°；所有绑扎扎丝的尾丝要统一收齐。

16）在绑扎过程中，应配合水、暖、电等专业放置暗盒、线管、预留洞模板等，边长小于30cm的洞口不得开洞；各断筋的洞口加筋必须符合设计要求，加筋总面积不得小于断筋总面积，在洞口下口应有控制标高线。

17）各剪力墙钢筋施工人员施工完毕后必须及时清理干净墙根部的杂物。

5. 钢筋接头质量验收

在施工现场，应按国家现行标准《钢筋机械连接技术规程》（JGJ 107—2016）、《钢筋焊接及验收规程》（JGJ 18—2012）的规定抽取钢筋机械连接接头、焊接接头试件进行力学性能检验，其质量应符合有关规程的规定。

检查数量：按有关规程确定。

检验方法：检查产品合格证、接头力学性能试验报告。

如对机械连接接头，质量验收要求如下：

1）工艺检验

① 每种规格钢筋的接头试件不应少于 3 根。

② 每根试件的抗拉强度和 3 根接头试件的残余变形的平均值均应符合规定。

③ 接头试件在测量残余变形后可再进行抗拉强度试验，并宜按单向拉伸加载制度进行试验。

④ 第一次工艺检验中 1 根试件抗拉强度或 3 根试件的残余变形平均值不合格时，允许再抽 3 根试件进行复验，复验仍不合格时判为工艺检验不合格。

2）外观质量检查。接头安装前应检查连接件产品合格证及套筒表面生产批号标识；产品合格证应包括适用钢筋直径和接头性能等级、套筒类型、生产单位、生产日期以及可追溯产品原材料力学性能和加工质量的生产批号。

3）现场检验

① 接头的现场检验应按验收批进行，同一施工条件下采用同一批材料的同等级、同型式、同规格接头，应 500 个为一个验收批进行检验，不足 500 个也应作为一个验收批。

② 螺纹接头安装后应按规定的验收批，抽取其中 10% 的接头进行拧紧扭矩校核，拧紧扭矩值不合格数超过被校核接头数的 5% 时，应重新拧紧全部接头，直到合格为止。

③ 对接头的每一验收批，必须在工程结构中随机截取 3 个接头试件做抗拉强度试验，按设计要求的接头等级进行评定。当 3 个接头试件的抗拉强度均符合规程中相应等级的强度要求时，该验收批应评为合格。如有 1 个试件的抗拉强度不符合要求，应再取 6 个试件进行复检。复检中如仍有 1 个试件的抗拉强度不符合要求，则该验收批应评为不合格。

④ 现场检验连续 10 个验收批抽样试件抗拉强度试验一次合格率为 100% 时，验收批接头数量可扩大 1 倍。

⑤ 现场截取抽样试件后，原接头位置的钢筋可采用同等规格的钢筋进行搭接连接，或采用焊接及机械连接方法补接。

⑥ 对抽检不合格的接头验收批，应由建设方会同设计等有关方面研究后提出处理方案。

6. 钢筋安装质量检验

钢筋安装完成之后，在浇筑混凝土之前，应进行钢筋隐蔽工程验收，其内容包括：纵向受力钢筋的品种、规格、数量、位置等；钢筋连接方式、接头位置、接头数量、接头面积百分率等；箍筋、横向钢筋的品种、规格、数量、间距等；预埋件的规格、数量、位置等。

钢筋隐蔽工程验收前，应提供钢筋出厂合格证与检验报告及进场复验报告，钢筋焊接接头和机械连接接头力学性能试验报告。

（1）主控项目

1）钢筋安装时，受力钢筋的品种、级别、规格和数量必须符合设计要求。

检查数量：全数检查。

检查方法：观察、钢尺检查。

2）纵向受力钢筋的连接方式应符合设计要求。

检查数量：全数检查。

检查方法：观察。

此外，在浇筑混凝土之前，应进行钢筋隐蔽工程验收。当钢筋的品种、级别或规格需作变更时，应办理设计变更文件

（2）一般项目

1）钢筋接头位置、接头面积百分率、绑扎搭接长度等应符合设计或构造要求。

2）箍筋、横向钢筋的品种、规格、数量、间距等应符合设计要求。

3）钢筋安装位置的偏差，应符合验收规范规定。

检查数量：对墙，应按有代表性的自然间抽查10%，且不少于3间；对大空间结构，墙可按相邻轴数间高度5m左右划分检查面，板可按纵、横轴线划分检查面，抽查10%，且均不少于3面。

检验方法：观察、钢尺检查。

7. 钢筋施工成品保护

钢筋绑扎完后，禁止碰动预埋件及洞口模板。水电安装不得任意切断和扳动钢筋，应按设计和规范要求进行。钢筋制作成品必须分规格按指定地点挂牌堆放，垫好木垫，并有防水措施。钢筋加工螺纹接头后，必须及时套上塑料保护套。

平板钢筋绑扎必须有施工马道，严禁人员踩踏板内上下层钢筋网，悬挑结构板的钢筋必须重点做好成品保护。

混凝土浇筑前，墙体、柱竖向甩筋必须用彩条布包裹，或套PVC管，防止水泥砂浆污染钢筋。

混凝土浇筑时应有专人护筋，对有污染的钢筋应及时清理干净。

任务三　剪力墙模板施工

任务描述

施工技术人员在剪力墙钢筋安装完成之后，开始进行模板施工准备、模板选型、模板设计、模板计算、支架搭设、模板安装、模板验收等工作。

学习目标

通过本任务的学习，学生应达到以下目标：

1. 正确进行剪力墙模板施工准备。
2. 正确完成剪力墙模板的选型、设计和计算。
3. 正确进行剪力墙支架搭设和模板安装。

4. 正确进行剪力墙模板验收。
5. 正确进行剪力墙模板拆除。

任务单

剪力墙模板施工任务单见表 5-13。

表 5-13　剪力墙模板施工任务单

专业班组		班长		日期	
任务:剪力墙模板施工					
检查意见:					
签章:					

任务分组

剪力墙模板施工学生任务分配见表 5-14。

表 5-14　剪力墙模板施工学生任务分配

班级		组号		指导教师	
组长		学号			
组员	学号	姓名	任务分工		

获取信息

引导问题 1: 模板的种类有哪些?哪些模板适合剪力墙施工?

____

____

____

____

引导问题 2：混凝土施工对剪力墙模板的基本要求有哪些？

引导问题 3：剪力墙模板设计及计算的基本原理是什么？

引导问题 4：剪力墙模板支架搭设的种类有哪些？

引导问题 5：剪力墙模板安装的基本程序是什么？

引导问题 6：剪力墙模板安装时的起拱是如何规定的？

引导问题 7：剪力墙模板安装使用隔离剂时应注意哪些问题？

引导问题 8：剪力墙模板验收的主控项目和一般项目分别有哪些？

引导问题 9：剪力墙模板验收的要点有哪些？

引导问题 10：剪力墙模板垂直度如何进行检查？

引导问题 11：剪力墙模板拆除的时间在规范里是如何规定的？

引导问题 12：剪力墙模板拆除的方法是什么？

引导问题 13：剪力墙模板拆除的基本原则有哪些？

引导问题 14：剪力墙模板拆除的注意事项有哪些？

工作计划

按照收集资料和决策的过程，制订剪力墙模板施工方案，见表 5-15。

表 5-15 剪力墙模板施工方案

序号	工作内容	负责人
1		
2		
3		
4		
5		

进行决策

讨论并确定剪力墙模板施工准备；对剪力墙模板进行选型，然后进行设计和计算；确定剪力墙支架搭设和模板安装方案，制订剪力墙模板质量检验验收方案，完成表 5-16。

表 5-16 剪力墙模板施工技术交底记录

<table>
<tr><td>工程名称</td><td colspan="2"></td><td colspan="2">施工单位</td><td colspan="2"></td></tr>
<tr><td>编　　号</td><td colspan="2"></td><td colspan="2">交底日期</td><td colspan="2"></td></tr>
<tr><td>交底部位</td><td colspan="2"></td><td colspan="2">工序名称</td><td colspan="2"></td></tr>
<tr><td>交底提要</td><td colspan="6"></td></tr>
<tr><td>交底内容</td><td colspan="6">一、材料要求

二、主要机具

三、作业条件

四、工艺流程

五、操作要点</td></tr>
<tr><td>项目(专业)
技术负责人</td><td></td><td>交底人</td><td></td><td colspan="2">接受交底人</td><td></td></tr>
</table>

工作实施

剪力墙模板施工过程应严格按照模板分项工程施工方案执行，首先应该熟悉剪力墙模板施工方案，将技术交底方案严格执行下去。剪力墙模板安装的第一个步骤是定位问题，定位的准确度至关重要，直接影响施工的质量。放线完成之后进行模板的安装，安装过程要符合规范要求。模板安装完毕之后应进行检查验收，确保模板安装的质量。

引导问题 15：剪力墙模板施工放线的工具准备有哪些？

引导问题 16：剪力墙模板施工放线的基本步骤是什么？

引导问题 17：剪力墙模板拼装的具体操作步骤是什么？

引导问题 18：剪力墙模板拼装的过程中如何保证模板位置的准确性？

引导问题 19：剪力墙木模板拼装的过程中如何放置方木和支撑架？

引导问题 20：剪力墙模板安装的质量检查要点有哪些？

引导问题 21：剪力墙模板安装验收完成之后和后续工序进行交接，交接的内容有哪些？

____

____

____

____

评价反馈

剪力墙模板施工任务评价见表 5-17。

表 5-17　剪力墙模板施工任务评价

序号	测定项目	评分标准	满分	评价			综合得分
				自评	互评	师评	
1	剪力墙模板施工准备	完全准确	10				
2	模板设计和计算	完全准确	25				
3	支架搭设和模板安装	完全准确	25				
4	模板验收	完全准确	20				
5	模板拆除	完全准确	20				

相关知识点

混凝土结构依靠模板系统成型。直接与混凝土接触的是模板面板，一般将模板面板、主（次）龙骨（肋、背楞、钢楞、托梁）、连接件、撑拉件、锁固件、支撑结构等统称为模板；也可将模板与其支架、立柱等支撑系统的施工统称为模架工程。

现浇混凝土施工，$1m^3$ 混凝土构件平均需用模板 $4\sim5m^2$。模板施工在一般的梁板、框架和板墙结构中，费用约占混凝土结构工程总造价的 30%，劳动量占 28%～45%；在高大空间、大跨、异型等难度较大和复杂的工程中的相关比重会更大。某些水平构件的模板施工项目还存在较大的施工风险。所以，模板施工一定要按照施工方案和施工规范进行。

1. 剪力墙模板施工一般要求

1）模板系统应具有满足施工要求的强度和刚度，不得在混凝土工程施工过程中发生破坏和出现超出规范允许的变形。

2）模板安装应具有良好的严密性，在混凝土浇筑过程中不得漏浆，以防影响混凝土的密实性和表面质量。

3）模板的几何尺寸必须准确，必须满足设计要求。

4）模板的配置必须具有良好的可拆性，以保证混凝土养护完成之后的模板拆除工作顺利进行。

5）模板的支撑体系必须具备可靠的局部稳定及整体稳定性，以确保混凝土工程的正常施工。

2. 剪力墙模板安装与验收要求

（1）剪力墙模板施工工艺流程

1）剪力墙墙梁模板施工工艺流程

弹线→安装立柱→安装梁底龙骨→调整标高→安装梁的底模板→梁底起拱→绑扎梁钢筋→设置预埋件→安装侧模板→进行预检。

2）剪力墙墙身模板施工工艺流程

弹出墙皮线和模板控制线→剔除接槎处混凝土软弱层→安装门窗洞口模板→在接触墙模板的两侧加贴泡沫塑料密封条→焊接固定洞口模板的横顶棍（一种定位筋，端头用无齿锯切割，且涂刷防锈漆）→沿墙皮外侧粘贴泡沫塑料密封条→安装角模板→安装单侧模板、安装对穿螺栓及顶撑、安装另一侧模板→调整固定→进行预检

模板施工中，由于具体工程的设计要求不同，上述工艺流程可以做出适当的调整。

模板设计完成之后，对模板及其支架的各项技术要求均已确定。为达到设计要求，能高效、安全地组织模板施工，施工单位在模板安装之前应编制模板施工组织设计（对于规模不大的普通剪力墙工程，通常称为施工方案）。

模板施工方案与模板设计虽密切相关，但内容并不相同。模板施工方案的作用是落实模板设计的要求，提出施工工艺、施工安全、施工组织安排、施工条件、施工机具、模板材料拼装以及模板安装过程中各种工艺操作过程监控与检查验收的要求。施工方案中不仅有技术性要求，还规定了整个模板施工过程中的主要组织管理措施。模板安装前，必须按照模板施工方案向施工、检验人员进行技术交底，然后才能进行安装施工，使模板安装质量处于受控状态。

（2）剪力墙模板验收

剪力墙模板验收的依据是《施工验收规范》及模板安装（含预制构件）工程检验批质量验收记录。剪力墙模板验收包括主控项目（质量控制要点）和一般项目。

剪力墙模板验收的主控项目模板材料、模板及其支架的承载力、模板的刚度、模板隔离剂要求等。

剪力墙模板验收的一般项目：模板拼缝、模板起拱、模板安装尺寸偏差、模板安装上下楼层立柱对齐情况。

（3）剪力墙模板验收的内容

剪力墙模板验收的具体检查内容如下：

1）模板工程是否进行了设计，检查设计计算书和模板施工图。

2）模板工程是否编制了施工方案，是否进行了技术交底；检查模板工程的施工方案和技术交底记录。

3）模板使用材料（含零、配件）的性能、各项质量指标是否符合设计要求和有关标准

的规定；检查模板所用材料的合格证、试验报告、进场验收记录等，并与实际的模板材料相对照。应注意的是，当模板材料及零（配）件的质量（材质、尺寸、壁厚、力学性能等）不符合设计要求和有关标准的规定时，会对模板的承载力、刚度和稳定性产生重要影响，应进行调整或重新进行设计验算。

4）模板及其支架的安装，包括立柱、支撑、连杆、扣件和连接件等的安装，其数量、间距、位置、节点做法是否与设计相一致。应对照模板设计图纸逐项检查，可采用观察、尺量、计数等方法检查，并对模板的承载力、刚度、稳定性做出判断。

5）支撑模板下层结构的承载力是否满足要求；对下层结构的施工日期、混凝土强度增长情况、底模板是否拆除等情况进行检查判断。

6）涂刷的模板隔离剂是否符合规定要求，钢筋及混凝土接槎等部位有无污染；对工艺要求及其执行情况进行检查。

7）模板安装尺寸是否符合设计要求，应进行抽样检查。

8）模板的接缝是否符合要求。

9）模板内的杂物是否已经清理干净。

10）混凝土接槎处的清理（剔除松动的石子、浮浆，凿毛等）是否符合要求。

11）剪力墙的墙梁、墙板模板的起拱是否符合要求。

12）固定在模板上的预埋件、预留孔洞等是否位置正确、安装牢固。

13）对检查发现的问题是否进行了返修；检查返修记录及再次进行检查验收的记录，并对返修部位的模板实体进行再次检查。

14）对模板工程的相关技术资料进行核查。

15）施工单位是否进行了预检；了解预检情况，并检查预检记录。

以上验收内容基本上涵盖了《施工验收规范》对剪力墙模板工程验收的要求。当剪力墙模板工程通过验收达到合格后，即可办理验收手续。施工单位应对验收合格的模板工程加以保护。

3. 剪力墙模板拆除

（1）剪力墙模板拆除方案

模板及其支架的拆除并不是一件简单的事情，拆除受到许多因素的制约，在拆除的时间、顺序和方法上都应当遵守相关规定，否则不仅会影响工程质量，还会发生安全事故。《施工验收规范》十分重视模板拆除这一环节，规定模板及其支架拆除的顺序及安全措施应按施工方案执行，并列为强制性条文。这实际赋予施工方案以重要责任。模板拆除的顺序及安全措施应在施工方案中加以详细规定，现场施工应严格按照施工方案执行。

为确保施工安全，避免盲目操作、野蛮拆除，施工单位应首先制订模板拆除方案。方案应经过项目技术负责人和监理工程师的审批并向施工操作人员交底，然后按照方案进行拆除操作。制订方案时，应针对工程和构件的具体情况，尽可能考虑周全。实际上，模板拆除的关键在于底模板的拆除。为了确保质量和安全，应充分考虑拆除底模板时混凝土结构的实际强度，以及构件可能尚未形成设计所要求的最终的受力体系等情况，必要时应加设临时支撑。正式拆模前，应检查确认具备相应条件，并经项目技术负责人批准。

剪力墙侧模板的拆除要求：混凝土结构侧模板的拆除相对比较简单，通常只要混凝土构件具备一定强度即可。过早拆模，容易出现混凝土强度不足而造成缺棱掉角等缺陷。《施工验收规范》将侧模板拆除列为一般项目，规定应“保证其表面及棱角不受损伤”，与之对应的混凝土强度通常认为是 $1.2N/mm^2$。但是施工现场不易准确判断强度数值，通常只能用手掰、脚踏或小锤轻击的方式加以判断，如无损坏就可以拆除侧模板。

（2）剪力墙模板拆除方法

正确的拆模方法是：按照模板拆除方案的顺序和要求，首先做好模板拆除的各项准备工作，包括使用工具、起重设备、分类堆放场地等；然后按照规定的方法进行模板拆除。高处模板应采取缓冲措施，拆除过程中应设安全监控人员，拆下的模板应按照施工方案分类堆放在规定的场地，并立即进行清理，涂刷防锈剂或隔离剂等。模板拆除时，可采取先支的后拆、后支的先拆，先拆非承重模板、后拆承重模板的顺序施工，并应从上而下进行拆除。

当拆除下来的模板和支架需要在楼层上短暂存放时，应分散堆放，不宜过于集中，并应及时清运移走，以免在楼层上积压，形成过大的荷载。

如果拆模时由于上部继续施工，需要对剪力墙的墙梁或墙板继续支顶时，应按照施工方案要求边拆边支顶，不得先将大片立柱拆除后再进行支顶。即使剪力墙的墙梁或墙板混凝土强度已经达到或超过100%设计强度，拆除模板及支架后仍必须继续控制施工荷载。工程实践证明：施工荷载如不加以控制，往往会超过设计值，造成楼板开裂损坏。

（3）剪力墙模板拆模要点

1）模板拆除一般是先支的后拆、后支的先拆，先拆非承重部位、后拆承重部位，并做到不损伤构件或模板。

2）肋形楼盖应先拆柱模板，再拆楼板底模板、梁侧模板，最后拆梁底模板。拆除跨度较大的梁下支柱时，应先从跨中开始分别拆向两端。单侧立模板的拆除应按自上而下的原则进行。

3）采用工具式支模的剪力墙的墙梁或墙板模板的拆除，应先拆卡具，顺洞口方向的方木、侧板，再松动木楔，使支柱、桁架等平稳下降，逐段抽出底模板和横档木，最后取下桁架、支柱、托具。

4）多层楼板模板支柱的拆除：当上层模板正在浇筑混凝土时，下一层楼板的支柱不得拆除，再下一层楼板的支柱仅可拆除一部分。跨度4m及4m以上的剪力墙墙梁，均应保留支柱，其间距不得大于3m；其余再下一层楼的模板支柱，当楼板混凝土达到设计强度时，可全部拆除。

（4）剪力墙模板拆除注意事项

1）拆除时不要用力过猛、过急，拆下来的模板应整理好及时运走，做到活完场清。

2）在拆除模板过程中，如发现混凝土有影响结构安全的质量问题时，应暂停拆除。经处理后，方可继续拆除。

3）拆除跨度较大的剪力墙墙梁下支柱时，应先从跨中开始，分别拆向两端。

4）拆模间歇期，应将已活动的模板、牵杆、支撑等运走或妥善堆放，防止因人员扶空、踏空而坠落。

5）模板上有预留孔洞的，应在模板拆除后随即将洞口盖好。

6）模板上架设的电线和使用的电动工具，应用36V的低压电源或采用其他有效的安全措施。

7）拆除模板一般用长撬棍，人不许站在正在拆除的模板下。在拆除模板时，要防止整块模板掉下，拆模人员要站在门窗洞口外拉支撑，防止模板突然全部掉落伤人。

8）高处拆模时，应有专人指挥，并在下面标明工作区，暂停人员过往。

9）定型模板要加强保护，拆除后立即清理干净、堆放整齐，以方便周转再利用。

10）已拆除了模板及其支架的结构，应在混凝土强度达到设计强度等级后，才允许承受全部的计算荷载。当承受的施工荷载大于计算荷载时，必须经过核算，加设临时支撑。

任务四　剪力墙混凝土施工

任务描述

施工技术人员在剪力墙钢筋和模板安装完成之后，开始进行混凝土施工，混凝土施工包括混凝土制备、混凝土运输、混凝土浇筑、混凝土养护成型、混凝土质量检验验收、混凝土成品保护等过程。

学习目标

通过本任务的学习，学生应达到以下目标：

1. 正确进行剪力墙混凝土施工准备。
2. 正确进行剪力墙混凝土制备和运输。
3. 正确进行剪力墙混凝土浇筑。
4. 正确进行剪力墙混凝土养护成型。
5. 正确进行剪力墙混凝土质量检查验收。
6. 正确进行剪力墙混凝土成品保护。

任务单

剪力墙混凝土施工任务单见表5-18。

表 5-18　剪力墙混凝土施工任务单

专业班组		班长		日期	
任务:剪力墙混凝土施工					
检查意见:					
签章:					

任务分组

剪力墙混凝土施工学生任务分配见表 5-19。

表 5-19　剪力墙混凝土施工学生任务分配

班级		组号		指导教师	
组长		学号			
组员	学号	姓名	任务分工		

获取信息

引导问题 1：剪力墙混凝土施工的准备工作有哪些？

______

______

______

______

引导问题 2：商品混凝土进入现场后留置试件组数如何确定？

______

______

______

______

引导问题 3：剪力墙混凝土配合比的定义是什么？如何计算施工配合比？

引导问题 4：如何制作剪力墙混凝土强度试块？如何进行试块强度检验？

引导问题 5：剪力墙混凝土运输的主要方式有哪些？

引导问题 6：剪力墙混凝土坍落度试验具体如何操作？留置的试块数量如何确定？

引导问题 7：剪力墙混凝土浇筑的具体操作程序是什么？

引导问题 8：剪力墙混凝土振捣有哪些方式？如何保证振捣到位？

引导问题 9：剪力墙混凝土浇筑过程中对质量通病是如何处理的？比如对蜂窝、麻面等质量通病的处理。

引导问题 10：剪力墙混凝土强度如何检测？试块养护条件是什么？

____

____

____

____

引导问题 11：如果剪力墙混凝土检测强度不够，应该如何处理？

____

____

____

____

引导问题 12：剪力墙混凝土成型养护的开始时间和结束时间各是什么？

____

____

____

____

引导问题 13：剪力墙混凝土养护成型后如何进行成品保护？

____

____

____

____

工作计划

按照收集资料和决策的过程，制订剪力墙混凝土施工方案，见表 5-20。

表 5-20　剪力墙混凝土施工方案

序号	工作内容	负责人
1		
2		
3		
4		
5		
6		

进行决策

讨论并确定剪力墙混凝土施工准备；对剪力墙混凝土的制备和运输进行规划；确定剪力墙混凝土浇筑方案和养护方案，制订剪力墙混凝土质量检查验收方案，制订剪力墙混凝土成品保护方案，完成表 5-21。

表 5-21　剪力墙混凝土施工技术交底记录

<table>
<tr><td>工程名称</td><td colspan="2"></td><td>施工单位</td><td colspan="2"></td></tr>
<tr><td>编　　号</td><td colspan="2"></td><td>交底日期</td><td colspan="2"></td></tr>
<tr><td>交底部位</td><td colspan="2"></td><td>工序名称</td><td colspan="2"></td></tr>
<tr><td>交底提要</td><td colspan="5"></td></tr>
<tr><td>交底内容</td><td colspan="5">一、材料要求

二、主要机具

三、作业条件

四、工艺流程

五、操作要点</td></tr>
<tr><td>项目(专业)
技术负责人</td><td></td><td>交底人</td><td></td><td>接受交底人</td><td></td></tr>
</table>

工作实施

当剪力墙模板安装完毕、交接检验完成后，就可以开始进行混凝土浇筑。混凝土用量报给商品混凝土站之后，商品混凝土站会将混凝土运往项目工地进行浇筑，混凝土运输车进入施工现场之后，要进行坍落度试验和试块制作。剪力墙混凝土坍落度试验完成之后，开始进行浇筑，浇筑的过程中需要时刻关注浇筑质量。浇筑完成之后，混凝土达到设计规定的强度之后拆去模板，然后进行养护，应按照施工方案规定的方法进行养护。

引导问题 14： 钢筋混凝土剪力墙施工大部分使用的是商品混凝土，在开始浇筑之前需要确定混凝土用量，然后将混凝土用量报给商品混凝土站，剪力墙的混凝土用量该如何计算？

引导问题 15： 剪力墙混凝土坍落度试验的工具有哪些？

引导问题 16： 剪力墙混凝土留置试块的标记包括哪些内容？

引导问题 17： 剪力墙混凝土同条件养护试块和标准养护试块的区别是什么？

引导问题 18： 剪力墙混凝土浇筑过程中，振捣的基本程序是什么？

引导问题 19： 如果在浇筑剪力墙混凝土过程中留置了施工缝，在进行浇筑时，施工缝该如何处理？

引导问题 20： 剪力墙混凝土的拆模强度是如何判定的？

引导问题 21：剪力墙混凝土的实体强度如何进行检验？

____

____

____

____

____

____

评价反馈

剪力墙混凝土施工任务评价见表 5-22。

表 5-22　剪力墙混凝土施工任务评价

序号	测定项目	评分标准	满分	评价			综合得分
				自评	互评	师评	
1	混凝土施工准备	完全准确	10				
2	混凝土制备和运输	完全准确	10				
3	混凝土浇筑	完全准确	20				
4	混凝土养护成型	完全准确	20				
5	混凝土质量检查验收	完全准确	30				
6	混凝土成品保护	完全准确	10				

相关知识点

1. 混凝土的强度

（1）混凝土立方体抗压强度

按国家标准《混凝土物理力学性能试验方法标准》（GB/T 50081—2019），制作边长为 150mm 的立方体试件，在标准条件［温度（20±2）℃，相对湿度 95%以上］下，养护到 28d 龄期，测得的抗压强度值为混凝土立方体试件抗压强度，以 f_c 表示，单位为 N/mm^2 或 MPa。

（2）混凝土立方体抗压标准强度与强度等级

混凝土立方体抗压标准强度（或称立方体抗压强度标准值）是指按标准方法制作和养护的边长为 150mm 的立方体试件，在 28d 龄期，用标准试验方法测得的抗压强度总体分布中具有不低于 95%保证率的抗压强度值，以 $f_{cu,k}$ 表示。

混凝土强度等级是按混凝土立方体抗压标准强度来划分的，采用符号 C 与立方体抗压强度标准值（单位为 MPa）表示。普通混凝土划分为 C15、C20、C25、C30、C35、C40、C45、C50、C55、C60、C65、C70、C75 和 C80 共 14 个等级，C30 即表示混凝土立方体抗压强度标准值 30MPa≤$f_{cu,k}$≤35MPa。混凝土强度等级是混凝土结构设计、施工质量控制和工程验收的重要依据。

2. 后浇带的设置

后浇带是为在现浇钢筋混凝土结构施工过程中，克服由于温度、收缩而可能产生有害裂缝而设置的临时施工缝。该缝需根据设计要求保留一段时间后再浇筑，将整个结构连成整体。后浇带的设置距离，应考虑在有效降低温差和收缩应力的条件下，通过计算来获得。在正常的施工条件下，有关规范对此的规定是，如混凝土置于室内和土中，则为 30m；如露天，则为 20m。

后浇带的保留时间应根据设计确定，若设计无要求时，一般至少保留 42d。后浇带的宽度应考虑施工简便，避免应力集中。一般其宽度为 80～100cm。后浇带内的钢筋应完好保存。

后浇带在浇筑混凝土前，必须将整个混凝土表面按照施工缝的要求进行处理。填充后浇带混凝土可采用微膨胀或无收缩水泥，也可采用普通水泥加入相应的外加剂拌制，但必须要求填筑混凝土的强度等级比原结构强度提高一级，并保持至少 15d 的湿润养护。

3. 混凝土试件留置与强度检验

（1）混凝土取样与试件留置

结构混凝土的强度等级必须符合设计要求。用于检查结构构件混凝土强度的试件，应在混凝土的浇筑地点随机抽取。取样与试件留置应符合下列规定：

1）每拌制 100 盘且不超过 100m^3 的同配合比的混凝土，取样不得少于 1 次。

2）每工作班拌制的同一配合比的混凝土不足 100 盘时，取样不得少于 1 次。

3）当一次连续浇筑超过 1000m^3 时，同一配合比的混凝土每 200m^3 取样不得少于 1 次。

4）每一楼层、同一配合比的混凝土，取样不得少于 1 次。

5）每次取样应至少留置 1 组标准养护试件，同条件养护试件的留置组数应根据实际需要确定，并按时检查施工记录及试件强度试验报告。

对有抗渗要求的混凝土结构，其混凝土试件应在浇筑地点随机取样。同一工程、同一配合比的混凝土，取样不应少于 1 次，留置组数可根据实际需要确定，并检查试件抗渗试验报告。

（2）试件制作和强度检验

1）试件制作。检查混凝土质量应做抗压强度试验。当有特殊要求时，还需做混凝土的抗冻性、抗渗性等试验。试件应用钢模制作。

① 试件强度试验的方法应符合现行国家标准《混凝土物理力学性能试验方法标准》（GB/T 50081—2019）的规定。

② 每组 3 个试件应在同一盘混凝土中取样制作，其强度代表值按下述规定确定：取 3 个试件试验结果的平均值，作为该组试件的强度代表值；当 1 组试件中强度的最大值或最小值与中间值之差超过中间值的 15%时，取中间值作为该组试件的强度代表值；当 1 组试件中强度的最大值和最小值与中间值之差均超过中间值的 15%时，该组试件不应作强度评定的依据。

2）混凝土结构同条件养护试件强度检验。同条件养护试件的留置方式和取样数量，应符合下列要求：

① 同条件养护试件所对应的结构构件或结构部位，应由监理（建设）、施工等各方根据其重要性共同选定。

② 对混凝土结构工程中的各混凝土强度等级，均应留置同条件养护试件。

③ 同一强度等级的同条件养护试件，其留置的数量应根据混凝土工程量和重要性确定，不宜少于 10 组，且不应少于 3 组。

④ 同条件养护试件拆模后，应放置在靠近相应结构构件或结构部位的适当位置，并应采取相同的养护方法。

检验评定混凝土强度用的混凝土试件的尺寸及强度的尺寸换算系数应按表 5-23 取用；其标准成型方法、标准养护条件及强度试验方法应符合现行国家标准《混凝土物理力学性能试验方法标准》（GB/T 50081—2019）的规定。

表 5-23　混凝土试件的尺寸及强度的尺寸换算系数

集料最大粒径/mm	试件尺寸/(mm×mm×mm)	强度的尺寸换算系数
≤31.5	100×100×100	0.95
≤40	150×150×150	1.00
≤63	200×200×200	1.05

注：对强度等级为 C60 及以上的混凝土试件，其强度换算系数可通过试验确定。

4. 混凝土搅拌、运输

（1）混凝土搅拌

1）拌合物匀质性。混凝土的原材料应充分搅拌，使拌合物质量均匀，颜色一致，不得有离析和泌水现象。

2）搅拌时间。从原料全部投入搅拌机筒时起，至混凝土拌合料开始卸出时止，所经历的时间称作搅拌时间。搅拌时间随搅拌机的类型及混凝土拌合料和易性的不同而异。在生产中，应根据混凝土拌合料要求的均匀性、混凝土强度增长的效果及生产效率几种因素，规定合适的搅拌时间。混凝土搅拌的最短时间，应符合规范规定。

（2）混凝土运输与输送

混凝土运输应符合以下要求：

1）混凝土拌合物的运输方案应事先周密规划，应以最少的转载次数和最短的时间，从搅拌地点运至浇筑地点。运输要考虑交通条件，并应事先制订预案以应付意外情况。预拌混凝土运送距离一般控制在 15km 内。混凝土运输频率应能保证混凝土施工的连续性，不因间隔时间过长，造成混凝土接茬处出现冷缝。

2）运送混凝土拌合物的容器或管道应不漏浆、不吸水，内壁光滑平整，能够保证卸料及输送通畅。暑期应有防晒、防雨措施。当露天气温超过 40℃ 时，还应有隔热措施。冬期应有防冻、防风雪的保温措施。

3）混凝土拌合物经运输到浇筑地点，应仍能保持均匀性，不产生分层、离析等缺陷，满足施工工艺需要的稠度要求。

4）混凝土拌合物送至浇筑地点后，如出现分层、离析现象，则应对混凝土拌合物进行二次快速搅拌。

5）混凝土拌合物运输至浇筑地点时，应检测其稠度，稠度应符合设计和施工工艺的要求，坍落度偏差值不大于规范规定。坍落度试验每 $100m^3$ 混凝土或每个工作班一般不少于二次。

6）预拌混凝土在卸料前需要掺加外加剂时，外加剂的掺量应按配合比通知书执行。掺入外加剂后，应快速搅拌，搅拌时间应根据试验确定。

7）严禁在运输过程中向混凝土拌合物中任意加水。

8）混凝土拌合物布料器出口至混凝土浇筑面自由倾落的高差不得超过 2m，以避免混凝土分层、离析。

9）混凝土从搅拌机卸料到浇筑完毕的延续时间不宜超过表 5-24 的规定。当在混凝土中掺加缓凝型外加剂或采用快硬水泥时，延续时间应由试验确定。

表 5-24　混凝土从搅拌机卸料到浇筑完毕的延续时间　（单位：min）

气温	条件	
	不掺外加剂	掺外加剂
≤25℃	90	150
>25℃	60	120

10）混凝土拌合物运至浇筑地点时的温度宜控制在 5~35℃ 范围内。如遇不利情况，应采取温度控制措施。

11）采用泵送混凝土时，应保证混凝土泵的连续工作，受料斗内应有足够的混凝土，泵送间歇时间不宜超过 15min。

混凝土输送可以采用泵送方式、吊车配备斗容器输送方式和升降设备配备小车输送等方式。主要要求为：

① 混凝土输送宜采用泵送方式。

② 输送混凝土的管道、容器、溜槽不应吸水、漏浆，并应保证输送通畅。输送混凝土时应根据工程所处环境条件采取保温、隔热、防雨等措施。

③ 混凝土输送泵的选择及布置应符合下列规定：输送泵的选型应根据工程特点、混凝土输送高度和距离、混凝土工作性确定；输送泵的数量应根据混凝土浇筑量和施工条件确定，必要时宜设置备用泵；输送泵设置的位置应满足施工要求，场地应平整、坚实，道路应畅通；输送泵的作业范围不得有阻碍物；输送泵设置位置应有防范高空坠物的设施。

④ 混凝土输送泵管的选择与支架的设置应符合下列规定：混凝土输送泵管应根据输送泵的型号、拌合物性能、总输出量、单位输出量、输送距离以及粗骨料粒径等进行选择；混凝土粗骨料最大粒径不大于 25mm 时，可采用内径不小于 125mm 的输送泵管；混凝土粗骨料最大粒径不大于 40mm 时，可采用内径不小于 150mm 的输送泵管；输送泵管安装接头应

严密，输送泵管道转向宜平缓；输送泵管应采用支架固定，支架应与结构牢固连接，输送泵管转向处支架应加密。支架应通过计算确定，必要时还应对设置位置的结构进行验算；垂直向上输送混凝土时，地面水平输送泵管的直管和弯管总的折算长度不宜小于垂直输送高度的0.2倍，且不宜小于15m；输送泵管倾斜或垂直向下输送混凝土，且高差大于20m时，应在倾斜或垂直管下端设置直管或弯管，直管或弯管总的折算长度不宜小于高差的1.5倍；垂直输送高度大于100m时，混凝土输送泵出料口处的输送泵管位置应设置截止阀；混凝土输送泵管及支架应经常进行过程检查和维护。

⑤ 混凝土输送布料设备的选择和布置应符合下列规定：布料设备的选择应与输送泵相匹配；布料设备的混凝土输送管内径宜与混凝土输送泵管内径相同；布料设备的数量及位置应根据布料设备工作半径、施工作业面大小以及施工要求确定；布料设备应安装牢固，且应采取抗倾覆稳定措施；布料设备安装位置处的结构或施工设施应进行验算，必要时应采取加固措施。应经常对布料设备的弯管壁厚进行检查，磨损较大的弯管应及时更换；布料设备作业范围不得有阻碍物，并应有防范高空坠物的设施。

⑥ 输送泵输送混凝土应符合下列规定：应先进行泵水检查，并应湿润输送泵的料斗、活塞等直接与混凝土接触的部位；泵水检查后，应清除输送泵内积水；输送混凝土前，应先输送水泥砂浆对输送泵和输送管进行润滑，然后开始输送混凝土；输送混凝土速度应先慢后快、逐步加速，应在系统运转顺利后再按正常速度输送；输送混凝土过程中，应设置输送泵集料斗网罩，并应保证集料斗有足够的混凝土余量。

⑦ 吊车配备斗容器输送混凝土时应符合下列规定：应根据不同结构类型以及混凝土浇筑方法选择不同的斗容器；斗容器的容量应根据吊车吊运能力确定；运输至施工现场的混凝土宜直接装入斗容器进行输送；斗容器宜在浇筑点直接布料。

⑧ 升降设备配备小车输送混凝土时应符合下列规定：升降设备和小车的配备数量、小车行走路线及卸料点位置应能满足混凝土浇筑需要；运输至施工现场的混凝土宜直接装入小车进行输送，小车宜在靠近升降设备的位置进行装料。

5. 混凝土浇筑

混凝土浇筑前应完成下列工作：隐蔽工程验收和技术复核；对操作人员进行技术交底；根据施工方案中的技术要求，检查并确认施工现场具备实施条件；施工单位应填报浇筑申请单，并经监理单位签认。

浇筑前应检查混凝土送料单，核对混凝土配合比，确认混凝土强度等级，检查混凝土运输时间，测定混凝土坍落度，必要时还应测定混凝土扩展度，在确认无误后再进行混凝土浇筑。混凝土拌合物入模温度不应低于5℃，且不应高于35℃。混凝土运输、输送、浇筑过程中严禁加水；混凝土运输、输送、浇筑过程中散落的混凝土严禁用于结构浇筑。

混凝土应布料均衡。应对模板及支架进行观察和维护，发生异常情况应及时进行处理。混凝土浇筑和振捣应采取防止模板、钢筋、预埋件及其定位件移位的措施。

混凝土浇筑要点应符合以下规定：

1）混凝土自高处倾落的自由高度，不宜超过2m。墙模板内的混凝土浇筑倾落高度，粗骨料粒径<25mm 时，浇筑高度限值≤3m；粗骨料粒径≥25mm 时，浇筑高度限值≤6m。

2）在浇筑竖向结构混凝土前，应先在底部填以 50~100mm 厚与混凝土内砂浆成分相同的水泥砂浆；浇筑中不得发生离析现象；当浇筑高度超过 3m 时，应采用串筒、溜管或振动溜管使混凝土下落。

3）混凝土浇筑层的厚度，应符合表 5-25 的规定。

表 5-25　混凝土浇筑层厚度　（单位：mm）

捣实混凝土的方法		浇筑层的厚度
插入式振捣		振捣器作用部分长度的 1.25 倍
表面振动		200
人工捣固	在基础、无筋混凝土或配筋稀疏的结构中	250
	在梁、墙板、柱结构中	200
	在配筋密列的结构中	150
轻骨料混凝土	插入式振捣	300
	表面振动（振动时需加荷）	200

4）钢筋混凝土剪力墙构件是沿垂直方向重复出现的，所以一般按结构层次来分层施工。平面上，如果面积较大，还应考虑分段进行，以便混凝土、钢筋、模板等工序能相互配合、流水进行。

5）在每一施工层中，应先浇筑柱或墙。在每一施工段中的柱或墙应该连续浇筑到顶。剪力墙浇筑完毕后，应停歇 1~1.5h，使混凝土获得初步沉实，待有了一定强度以后，再浇筑梁板混凝土。

6）浇筑混凝土应连续进行。当必须间歇时，其间歇时间宜缩短，并应在前层混凝土凝结之前，将次层混凝土浇筑完毕。一般情况下混凝土运输、浇筑及间歇的全部时间不得超过表 5-26 的规定，当超过时应留置施工缝。在混凝土浇筑过程中，应经常观察模板、支架、钢筋、预埋件和预留孔洞的情况，当发现有变形、移位时，应及时采取措施进行处理。

表 5-26　混凝土运输、浇筑和间歇的全部时间　（单位：min）

混凝土强度等级	气温/℃	
	≤25	>25
掺外加剂	240	210
不掺外加剂	180	150

注：当混凝土中掺有促凝或缓凝型外加剂时，其允许时间应通过试验确定。

7）混凝土浇筑后，在混凝土初凝前和终凝前宜分别对混凝土裸露表面进行抹面处理。

8）墙混凝土设计强度等级高于梁、板混凝土设计强度等级时，混凝土浇筑应符合下列规定：

① 墙混凝土设计强度比梁、板混凝土设计强度高一个等级时，墙位置梁、板高度范围内的混凝土经设计单位同意，可采用与梁、板混凝土设计强度等级相同的混凝土进行浇筑。

② 墙混凝土设计强度比梁、板混凝土设计强度高两个等级及以上时，应在交界区域采

取分隔措施。分隔位置应在低强度等级的构件中，且距高强度等级构件边缘不应小于500mm。

③ 宜先浇筑高强度等级混凝土，后浇筑低强度等级混凝土。

9）泵送混凝土浇筑应符合下列规定：

① 宜根据结构形状及尺寸、混凝土供应、混凝土浇筑设备、场地内外条件等划分每台输送泵浇筑区域及浇筑顺序。

② 采用输送管浇筑混凝土时，宜由远而近浇筑；采用多根输送管同时浇筑时，其浇筑速度宜保持一致。

③ 润滑输送管的水泥砂浆用于湿润结构施工缝时，水泥砂浆应与混凝土浆液同成分；接浆厚度不应大于30mm，多余水泥砂浆应收集后运出。

④ 混凝土泵送浇筑应保持连续；当混凝土供应不及时，应采取间歇泵送方式。

⑤ 混凝土浇筑后，应按要求完成输送泵和输送管的清理。

6. 混凝土振捣

1）混凝土振捣应能使模板内各个部位混凝土密实、均匀，不应漏振、欠振、过振。混凝土振捣应采用插入式振动棒、平板振动器或附着振动器，必要时可采用人工辅助振捣。每一振点的振捣延续时间，应使混凝土表面呈现浮浆和不再沉落。

2）当采用插入式振捣器时，捣实普通混凝土的移动间距，不宜大于振捣器作用半径的1.4倍。捣实轻骨料混凝土的移动间距，不宜大于其作用半径；振捣器与模板的距离，不应大于其作用半径的0.5倍，并应避免碰撞钢筋、模板、预埋件等；振捣器插入下层混凝土内的深度应不小于50mm。一般每点振捣时间为20~30s，使用高频振动器时，最短不应少于10s，应使混凝土表面成水平不再显著下沉，不再出现气泡，表面泛出灰浆为准。振动器插点要均匀排列，可采用“行列式”或“交错式”的次序移动，不应混用，以免造成混乱而发生漏振。

3）采用表面振动器时，在每一位置上应连续振动一定时间，正常情况下为25~40s，但以混凝土面均匀出现浆液为准，移动时应成排依次振动前进，前后位置和排与排间相互搭接应有30~50mm，防止漏振。振动倾斜混凝土表面时，应由低处逐渐向高处移动，以保证混凝土振实。表面振动器的有效作用深度，在无筋及单筋平板中为200mm，在双筋平板中约为120mm。

4）采用外部振动器时，振动时间和有效作用随结构形状、模板坚固程度、混凝土坍落度及振动器功率大小等各项因素而定。一般每隔1~1.5m的距离设置一个振动器。当混凝土成一水平面不再出现气泡时，可停止振动。必要时应通过试验确定振动时间。待混凝土入模后方可开动振动器，混凝土浇筑高度要高于振动器安装部位。当钢筋较密和构件断面较深较窄时，也可采取边浇筑边振动的方法。外部振动器的振动作用深度在250mm左右，如构件尺寸较厚时，需在构件两侧安设振动器同时进行振捣。采用附着振动器应与模板紧密连接，设置间距应通过试验确定；附着振动器应根据混凝土浇筑高度和浇筑速度，依次从下往上振捣；模板上同时使用多台附着振动器时应使各振动器的频率一致，并应交错设置在相对面的模板上。

5）混凝土分层振捣的最大厚度应符合表 5-27 的规定。

表 5-27　混凝土分层振捣的最大厚度

振捣方法	混凝土分层振捣最大厚度
振捣棒	振动棒作用部分长度的 1.25 倍
表面振动器	200mm
附着振动器	根据设置方式，通过试验确定

6）特殊部位的混凝土应采取加强振捣措施。宽度大于 0.3m 的预留洞底部区域应在洞口两侧进行振捣，并应适当延长振捣时间；宽度大于 0.8m 的洞口底部，应采取特殊的技术措施；后浇带及施工缝边角处应加密振捣点，并应适当延长振捣时间；钢筋密集区域或型钢与钢筋结合区域应选择小型振动棒辅助振捣、加密振捣点，并应适当延长振捣时间；基础大体积混凝土浇筑流淌形成的坡顶和坡脚应适时振捣，不得漏振。

7. 混凝土养护

混凝土浇筑后的养护也是控制混凝土质量的关键工序。为保证已浇筑好的混凝土在规定龄期内达到设计要求的强度，并防止产生收缩裂缝，应按施工技术方案的要求，设专人负责养护。

（1）初期处理

1）混凝土在浇筑及浇筑后静置过程中，由于混凝土的离析泌水、骨料下沉，易产生塑性收缩裂缝，应在混凝土终凝前予以修整。如板类混凝土面层浇筑完毕后，应在初凝前后进行第二次抹压，可用木抹子磨平、搓毛二次以上，必要时可用铁滚筒碾压两遍。

2）在浇筑完毕后的 12h 内，对混凝土加以覆盖并保湿养护。如遇高温、太阳暴晒、大风天气，浇筑后应立即用塑料膜覆盖，以避免混凝土表面结硬干裂。

（2）养护要求

1）保温、保湿养护，避免急剧干燥、温度急剧变化、振动以及外力的扰动。采用覆盖、洒水、喷雾或用薄膜保湿等养护措施。采用塑料布覆盖养护的混凝土，其敞露的全部表面应覆盖严密，并应保持塑料布内有凝结水。

2）混凝土的养护时间应符合下列规定：

① 采用硅酸盐水泥、普通硅酸盐水泥或矿渣硅酸盐水泥配制的混凝土，不应少于 7d；采用其他品种水泥时，养护时间应根据水泥性能确定。

② 采用缓凝型外加剂、大掺量矿物掺合料配制的混凝土，不应少于 14d。

③ 抗渗混凝土、强度等级 C60 及以上的混凝土，不应少于 14d。

④ 后浇带混凝土的养护时间不应少于 14d。

⑤ 地下室底层墙、柱和上部结构首层墙、柱宜适当增加养护时间。

3）墙混凝土养护方法。地下室底层和上部结构首层墙混凝土带模养护时间，不宜少于 3d；带模养护结束后可采用洒水养护方式继续养护，必要时也可采用覆盖养护或喷涂养护剂养护方式继续养护；其他部位墙混凝土可采用洒水养护；必要时，也可采用覆盖养护或喷涂养护剂养护。

4）浇水次数应能保证混凝土处于湿润状态。混凝土养护用水应与拌制用水相同。

5）墙体浇筑完毕，混凝土达到一定强度（1~3d）后，可及时松动两侧模板，留出的缝宽为3~5mm。在墙体顶部架设淋水管，喷淋养护。拆模后，应在墙两侧覆挂麻袋或草帘等覆盖物，避免阳光直照墙面。

6）冬期施工时，混凝土浇筑后应立即用塑料薄膜和保温材料覆盖，养护时间不应少于14d。对墙体，带模板养护不应少于7d。冬期施工时，不能向裸露部位的混凝土直接浇水养护，应用塑料薄膜和保温材料（草包等）覆盖进行保温、保湿养护。

7）混凝土终凝后要避免早期扰动。混凝土强度未达 $1.2N/mm^2$ 时，不得在其上踩踏或安装模板及支架。混凝土强度达到 $1.2N/mm^2$ 的时间，与环境温度、混凝土用外加剂品种、用水量、水泥品种和用量、矿物掺合料的品种和用量等诸多因素有关，可通过试验确定。在正常情况下，大致有表5-28所列规律。

表5-28　普通混凝土强度达到 $1.2N/mm^2$ 所需龄期

环境温度	1~5℃	5~15℃	≥15℃
所需龄期/d	2	1.5	—

（3）养护条件

在自然气温条件下（高于+5℃），对于一般塑性混凝土应在浇筑后10~12h内（炎夏时可缩短至2~3h），对高强混凝土应在浇筑后1~2h内，即用麻袋、草帘、锯末或砂进行覆盖，并及时浇水养护，以保持混凝土具有足够润湿状态。

混凝土在养护过程中，如发现遮盖不好，浇水不足，以致表面泛白或出现干缩细小裂缝时，要立即仔细加以遮盖，加强养护工作，充分浇水，并延长浇水日期，加以补救。

8. 剪力墙混凝土工程质量检验

混凝土结构施工质量检查可分为过程控制检查和拆模后的实体质量检查。

（1）一般规定

1）现浇结构的外观质量缺陷，应由监理（建设）单位、施工单位等各方根据其对结构性能和使用功能影响的严重程度，按表5-29确定。

表5-29　现浇结构外观质量缺陷

名称	现象	严重缺陷	一般缺陷
露筋	构件内钢筋未被混凝土包裹而外露	纵向受力钢筋有露筋	其他钢筋有少量露筋
蜂窝	混凝土表面缺少水泥砂浆而形成石子外露	构件主要受力部位有蜂窝	其他部位有少量蜂窝
孔洞	混凝土中孔穴深度和长度均超过保护层厚度	构件主要受力部位有孔洞	其他部位有少量孔洞

（续）

名称	现象	严重缺陷	一般缺陷
夹渣	混凝土中夹有杂物且深度超过保护层厚度	构件主要受力部位有夹渣	其他部位有少量夹渣
疏松	混凝土中局部不密实	构件主要受力部位有疏松	其他部位有少量疏松
裂缝	缝隙从混凝土表面延伸至混凝土内部	构件主要受力部位有影响结构性能或使用功能的裂缝	其他部位有少量不影响结构性能或使用功能的裂缝
连接部位缺陷	构件连接处混凝土缺陷及连接钢筋、连接件松动	连接部位有影响结构传力性能的缺陷	连接部位有基本不影响结构传力性能的缺陷
外形缺陷	缺棱掉角、棱角不直、翘曲不平、飞边凸肋等	清水混凝土构件有影响使用功能或装饰效果的外形缺陷	其他混凝土构件有不影响使用功能的外形缺陷
外表缺陷	构件表面麻面、掉皮、起砂、沾污等	具有重要装饰效果的清水混凝土表面有外表缺陷	其他混凝土构件有不影响使用功能的外表缺陷

2）现浇结构拆模后，应由监理（建设）单位、施工单位对外观质量和尺寸偏差进行检查，做出记录，并应及时按施工技术方案对缺陷进行处理。

（2）外观质量

1）主控项目。现浇结构的外观质量不应有严重缺陷。

对已经出现的严重缺陷，应由施工单位提出技术处理方案，并经监理（建设）单位认可后进行处理。对经处理的部位，应重新检查验收。

2）一般项目。现浇结构的外观质量不宜有一般缺陷。

对已经出现的一般缺陷，应由施工单位按技术处理方案进行处理，并重新检查验收。

（3）尺寸偏差

1）主控项目。现浇结构不应有影响结构性能和使用功能的尺寸偏差。混凝土设备基础不应有影响结构性能和设备安装的尺寸偏差。

对超过尺寸允许偏差且影响结构性能和安装、使用功能的部位，应由施工单位提出技术处理方案，并经监理（建设）单位认可后进行处理。对经处理的部位，应重新检查验收。

2）一般项目。现浇结构和混凝土设备基础拆模后的尺寸偏差应符合验收规范规定。

（4）混凝土结构过程控制质量检查和实体质量检查

混凝土结构施工质量检查可分为过程控制检查和拆模后的实体质量检查。过程控制检查应在混凝土施工全过程中，按施工段划分和工作安排及时进行；拆模后的实体质量检查应在混凝土表面未做处理和装饰前进行。

1）混凝土结构过程控制质量检查。混凝土结构的质量过程控制检查宜包括下列内容：

① 模板宜包括下列内容：模板与模板支架的安全性；模板位置、尺寸；模板的刚度和密封性；模板涂刷隔离剂及必要的表面湿润；模板内杂物清理。

② 钢筋及预埋件宜包括下列内容：钢筋的规格、数量；钢筋的位置；钢筋的保护层厚度；预埋件（预埋管线、箱盒、预留孔洞）规格、数量、位置及固定。

③ 混凝土拌合物宜包括下列内容：坍落度、入模温度等；大体积混凝土的温度测控。

④ 混凝土浇筑宜包括下列内容：混凝土输送、浇筑、振捣等；混凝土浇筑时模板的变形、漏浆等；混凝土浇筑时钢筋和预埋件（预埋管线、预留孔洞）位置；混凝土试件制作；混凝土养护；施工载荷加载后，模板与模板支架的安全性。

2）混凝土结构实体质量检查。混凝土结构拆除模板后的实体质量检查宜包括下列内容：

① 构件的尺寸、位置：轴线位置、标高；截面尺寸、表面平整度；垂直度（构件垂直度、单层垂直度和全高垂直度）。

② 预埋件：数量；位置。

③ 构件的外观缺陷。

④ 构件的连接及构造做法。

混凝土结构质量过程控制检查、拆模后实体质量检查的方法与合格判定，应符合现行国家标准《混凝土结构工程施工质量验收规范》（GB 50204—2015）等的有关规定。有关标准未做规定时，可在施工方案中作出规定并经监理单位批准后实施。

参考文献

[1] 张悠荣. 钢筋混凝土结构工程施工［M］. 北京：机械工业出版社，2019.

[2] 张亚英，甄进平. 钢筋混凝土工程施工［M］. 北京：机械工业出版社，2015.

[3] 吉海军，谢志秦. 建筑施工技术［M］. 北京：北京理工大学出版社，2018.

[4] 任少强，张迪，张巍. 建筑工程施工工艺实施与管理导论［M］. 北京：机械工业出版社，2022.

[5] 任少强，姚琦，张巍. 建筑工程施工工艺实施与管理实践（初级）［M］. 北京：机械工业出版社，2022.

[6] 任少强，邓林，张巍. 建筑工程施工工艺实施与管理实践（中级）［M］. 北京：机械工业出版社，2022.

[7] 任少强，徐锡权，张巍. 建筑工程施工工艺实施与管理实践（高级）［M］. 北京：机械工业出版社，2022.